普通高等教育“十三五”应用型人才培养规划教材

PHOTOSHOP 基础与图像创意案例

段光奎 编著

西南交通大学出版社
·成都·

图书在版编目（CIP）数据

PHOTOSHOP 基础与图像创意案例 / 段光奎编著. —成都：西南交通大学出版社，2018.8
普通高等教育“十三五”应用型人才培养规划教材
ISBN 978-7-5643-6391-8

Ⅰ. ①P… Ⅱ. ①段… Ⅲ. ①图像处理软件－高等学校－教材 Ⅳ. ①TP391.413

中国版本图书馆 CIP 数据核字（2018）第 201911 号

普通高等教育“十三五”应用型人才培养规划教材
PHOTOSHOP 基础与图像创意案例

段光奎 / 编　著

责任编辑 / 穆　丰
封面设计 / 原谋书装

西南交通大学出版社出版发行
（四川省成都市二环路北一段 111 号西南交通大学创新大厦 21 楼　610031）
发行部电话：028-87600564　　028-87600533
网址：http://www.xnjdcbs.com
印刷：四川玖艺呈现印刷有限公司

成品尺寸　185 mm × 260 mm
印张　18.25　　字数　460 千
版次　2018 年 8 月第 1 版　　印次　2018 年 8 月第 1 次

书号　ISBN 978-7-5643-6391-8
定价　76.00 元

课件咨询电话：028-87600533
图书如有印装质量问题　本社负责退换

《PHOTOSHOP 基础与图像创意案例》

编 委 会

前言

PREFACE

PHOTOSHOP 作为首屈一指的专业数字图像处理软件，已广泛应用于数码摄影、艺术设计、出版印刷、影视后期处理和数字网络等诸多领域。学习 PHOTOSHOP 除了可以掌握其强大的功能外，还能极大地提高自身对艺术设计的兴趣，同时也可以为学习其他设计软件（如影视类软件、网页、三维）打下良好的基础。因此，无论是易用性，还是使用的普遍性方面，PHOTOSHOP 对于设计师来说都有着非同一般的重要性。

本书从理论到案例都进行了较详尽的叙述，内容由浅入深，全面覆盖了 PHOTOSHOP 的基础知识、使用方法及其在相关行业中的应用。21 个精彩案例融入了作者丰富的设计经验和教学心得，旨在帮助读者全方位了解行业规范、设计原则和表现手法，提高实战能力，以便灵活应对不同的工作需求。整个学习流程联系紧密，环环相扣，一气呵成，让读者在轻松的学习过程中享受成功的乐趣。

获取配套素材

全书分为基础篇，创意案例篇，综合案例篇三部分。基础篇共包含八章，包括第一章 PHOTOSHOP CC 基础知识；第二章 PHOTOSHOP 选区工具；第三章 图像裁剪与图像变形；第四章 图层；第五章 绘图工具；第六章 渐变与油漆桶工具；第七章 修复工具；第八章 通道和蒙板的应用。创意案例篇共包含 18 个基础案例：案例 1 露珠效果；案例 2 证件照换底色；案例 3 简洁的新闻栏目网页设计效果；案例 4 滚动扫描文字；案例 5 制作编织效果人像；案例 6 庆国庆火焰字制作；案例 7 复古人像海报；案例 8 浪漫情人节；案例 9 修饰图片；案例 10 火焰抠图；案例 11 非主流调色；案例 12 模特换装；案例 13 制作杯子花纹；案例 14 水晶球中的海洋立体景观；案例 15 冰雪字体；案例 16 人像磨皮；案例 17 中性灰精细修图；案例 18 反转都市。

前言 PREFACE

综合案例篇包含3个综合案例：综合案例1 梦幻瀑布大场景；综合案例2魔法师；综合案例3创意海报。

由于时间仓促，疏漏之处在所难免，恳请广大读者批评指正。

作 者

2018年8月

目录 CONTENTS

基础篇

第一章　PHOTOSHOP CC 基础知识......003
第一节　PHOTOSHOP CC 入门......003
第二节　图像和颜色......014
第三节　文件操作......020
第四节　辅助工具及系统优化......021
第二章　PHOTOSHOP 选区工具......023
第一节　选框工具......023
第二节　套索工具（L）......025
第三节　魔棒与快速选择工具（W）......026
第三章　图像裁剪与图像变形......028
第一节　裁剪工具......028
第二节　调整图像和选区......030
第三节　图像变形......031
第四章　图　层......035
第一节　图层认识与图层功能......035
第二节　图层样式与图层混合模式......039
第五章　绘图工具......045
第一节　画笔工具......045
第二节　颜色替换工具与混合器画笔......048
第三节　历史记录画笔与历史记录艺术画笔......049
第六章　渐变与油漆桶工具......051
第七章　修复工具......052
第八章　通道和蒙版的应用......055
第一节　通道的应用......055
第二节　蒙版的应用......056

CONTENTS 目录

创意案例篇

案例 1　露珠效果……063
案例 2　证件照换底色……068
案例 3　简洁的新闻栏目网页设计效果……072
案例 4　滚动扫描文字……080
案例 5　制作编织效果人像……091
案例 6　庆国庆火焰字制作……106
案例 7　复古人像海报……117
案例 8　浪漫情人节……127
案例 9　修饰图片……140
案例 10　火焰抠图……155
案例 11　非主流调色……158
案例 12　模特换装……166
案例 13　制作杯子花纹……173
案例 14　水晶球中的海洋立体景观……178
案例 15　冰雪字体……184
案例 16　人像磨皮……192
案例 17　中性灰精细修图……202
案例 18　反转都市……213

综合案例篇

综合案例 1　梦幻瀑布大场景……223
综合案例 2　魔法师……248
综合案例 3　创意海报……263
附　录　PHOTOSHOP CC 常用快捷键……280
参考文献……284

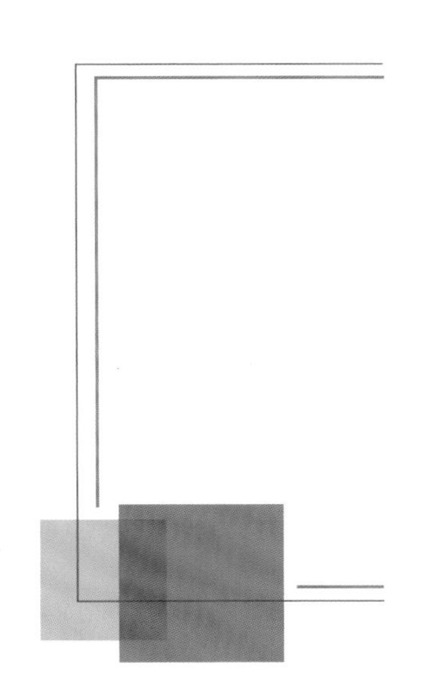

基础篇

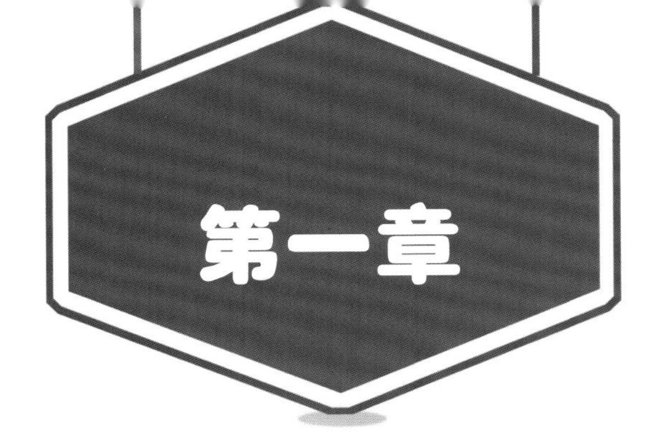

第一章

PHOTOSHOP CC 基础知识

第一节　PHOTOSHOP CC 入门

一、PHOTOSHOP CC 简介

图像处理是对已有的位图图像进行编辑、加工、处理以及运用一些特殊效果实现其特定目的的过程。常见的图像处理软件有 PHOTOSHOP、Photo Painter、Photo Impact、Paint Shop Pro。图形创作是指按照自己的构思创作图形。常见的图形创作软件有 Illustrator、CorelDraw、Painter。

PHOTOSHOP 是 Adobe 公司开发的一个跨平台的平面图像处理软件，是专业设计人员的首选软件。1990 年 2 月，Adobe 公司推出 PHOTOSHOP1.0；2003 年，Adobe PHOTOSHOP 8 被更名为 Adobe PHOTOSHOP CS；2013 年 7 月，Adobe 公司推出了新版本的 PHOTOSHOP CC，自此，PHOTOSHOP CS6 作为 Adobe CS 系列的最后一个版本被新的 CC 系列取代；2017 年 10 月，Adobe 公司推出了 PHOTOSHOP CC 2018，为目前市场最新版本，如图 1-1-1 所示。

图 1-1-1　PHOTOSHOP 登录界面

二、PHOTOSHOP CC 2018 新增功能

1. 创造学习环境——工具提示和学习窗口

在很多初学者看来，PHOTOSHOP（简称 PS）更多时候是一个不易上手的“庞然大物”，需要很高的学习成本，为了快速上手少不了查阅各种学习资料。而这个缺点也是 Adobe 想要进一步扩大用户量的一大障碍，于是，PS CC 2018 提供了解决方案，有以下两招足以让初学者感受到诚意，也就是说，从此 PS 软件就是一部快速入门的好教程了。

第 1 招，更为直观的工具提示

以往版本中，当用户把鼠标悬停在左侧工具栏的工具上时，只会显示该工具的名称，而现在则会出现动态演示，来告诉软件使用者这个工具的用法，更加直观，如图 1-1-2 所示。

图 1-1-2　工具动态演示

第 2 招，学习面板提供手把手教学

更加关键的是 PS CC 2018 添加了“学习”面板，可以通过“窗口”菜单打开该面板。Adobe 直接内置了摄影、修饰、合并图像、图形设计四个主题的教程，点开每一个教程后都有各种常见的应用场景，选择后会有文字提示，手把手地引导用户如何实现该操作，如图 1-1-3 所示，这个学习功能非常实用，初学者应好好掌握。

图 1-1-3　学习面板很强大的教程宝库

2. 强化云时代体验——照片云获取和无缝分享到社交网站

在当下，图片处理的效率越发显得重要了，对于很多学习者来说，把有效的时间用到图片的艺术设计才是正经事。那么，除去技术性和艺术性的创作之外，在提高效率的两端——图片获取端和图片分享端，PS CC2018 都做出了自己的优化。

第 1 招，增强云获取的途径，访问所有云同步的 Lightroom 图片

在上一版本中，PS 已经在开始界面的时候就可以从“创意云”中获取同步的图片，而最新的版本再次增加了 LR（Lightroom）的同步照片，对于使用 LR 较多的摄影师来说，这无疑更是个好消息，如图 1-1-4 所示。

图 1-1-4　获取 LR 云服务照片

此外，如果在用 PS 打开 LR 中的图片后，一旦再次通过 LR 修改图片，在 PS 中只需刷新即可实时显示修改后的效果。

第 2 招，共享文件

在之前的几个版本，PS 已经支持通过软件把图片分享到 Behance 网站，而在最新版本中，对此项功能做了更强大的优化，添加了“文件”→“共享”功能，集合了很多社交软件，而且可以继续从商店下载更多可用应用。操作简单方便，易上手，如图 1-1-5 演示为 Windows 系统的共享界面，图 1-1-6 所示为 Mac 版 PS 的共享界面。

图 1-1-5　共享文件的两种启动方法

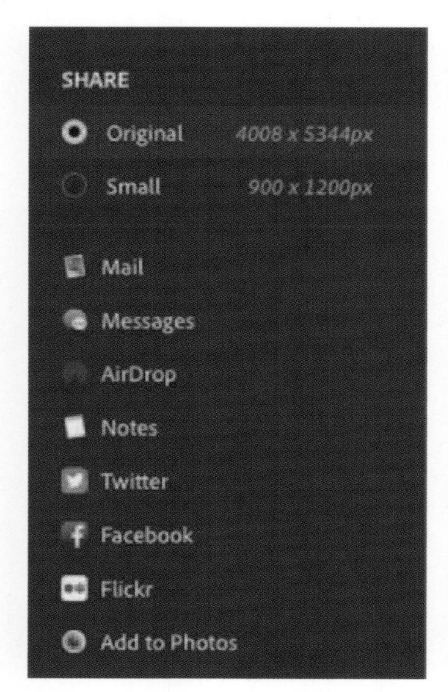

图 1-1-6　Mac 版 PS 的启动

共享文件面板可以链接过去的应用，因地区不同略有差别。

3. 绘制功能增强——画笔多项优化和钢笔新工具

这里要说的是PS CC2018比较重要的更新，针对的也是PS中的两大重点工具——钢笔和画笔。

先来看钢笔，本次更新添加了一个“弯度钢笔工具”，官方对它的介绍是：弯度钢笔工具可让您以同样轻松的方式绘制平滑曲线和直线段。使用这个直观的工具，您可以在设计中创建自定义形状，或定义精确的路径，以便毫不费力地优化您的图像。在执行该操作的时候，您根本无须切换工具就能创建、切换、编辑、添加或删除平滑点或角点。

通过实际操作，确实操作起来便捷多了，用惯AI的钢笔工具的小伙伴一定非常喜欢它，操作如图1-1-7所示。

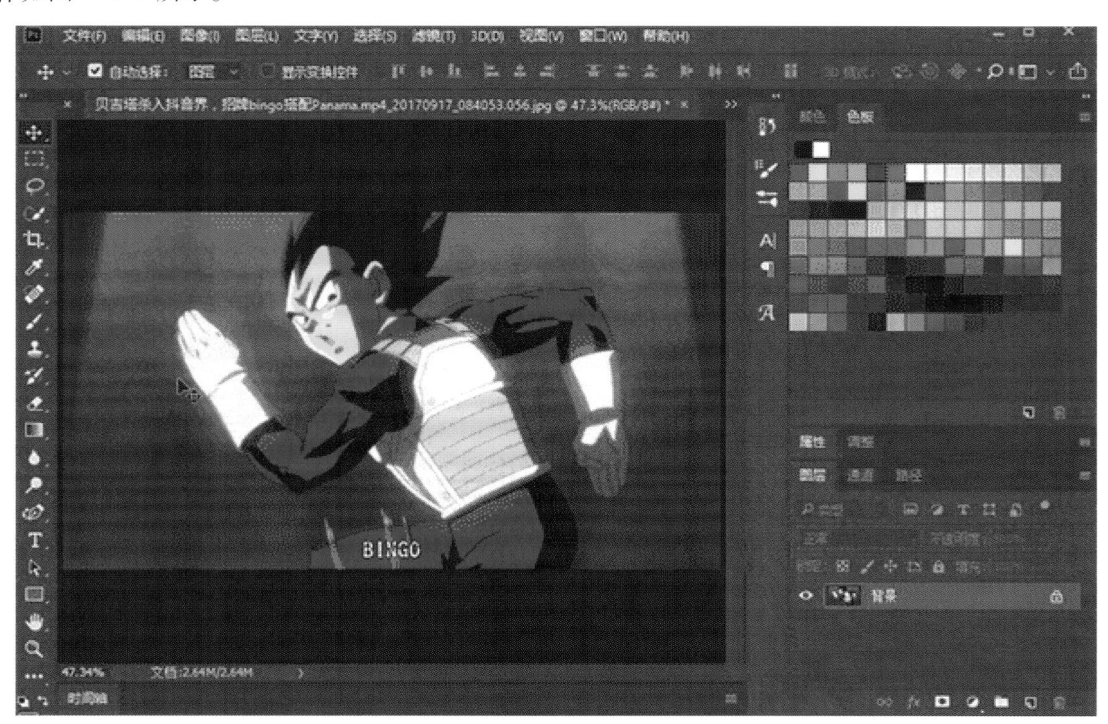

图1-1-7　平滑点转为角点，只需双击该点

PS CC2018对画笔工具的优化则同样突出，比较直观的首先是画笔的管理模式，改变为类似于计算机中文件夹的模式，更为直观，支持新建和删除，如图1-1-8所示。

此外，画笔在描边平滑上也进行了优化，官方给出的说明和示例图已经很清晰，摘要如下：

PHOTOSHOP现在可以对您的描边执行智能平滑。在使用以下工具时，只需在选项栏中输入平滑的值（0 ~ 100）：画笔、铅笔、混合器画笔或橡皮擦。值为0等同于PHOTOSHOP早期版本中的旧版平滑。应用的值越高，描边的智能平滑量就越大。

描边平滑在多种模式下均可使用。单击齿轮图标以启用以下一种或多种模式：

拉绳模式：仅在绳线拉紧时绘画，在平滑半径之内移动光标不会留下任何标记，如图1-1-9所示。

图 1–1–8　画笔管理新模式

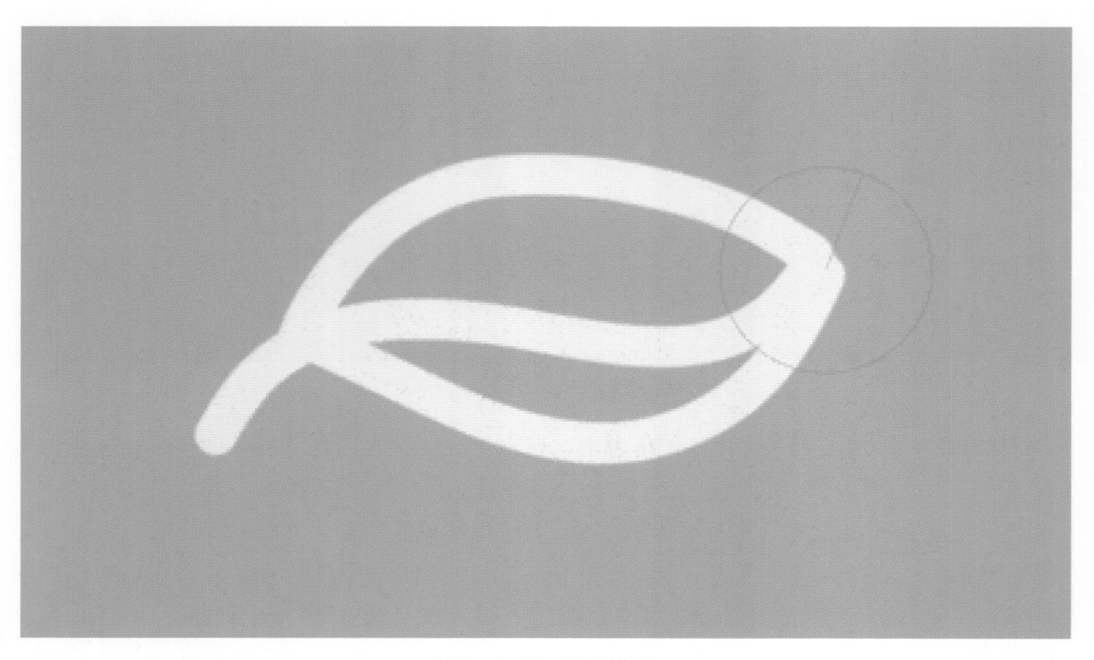

图 1–1–9　拉绳模式

描边补齐：暂停描边时，允许绘画继续使用您的光标补齐描边。禁用此模式可在光标移动停止时马上停止绘画应用程序，如图 1–1–10 所示。

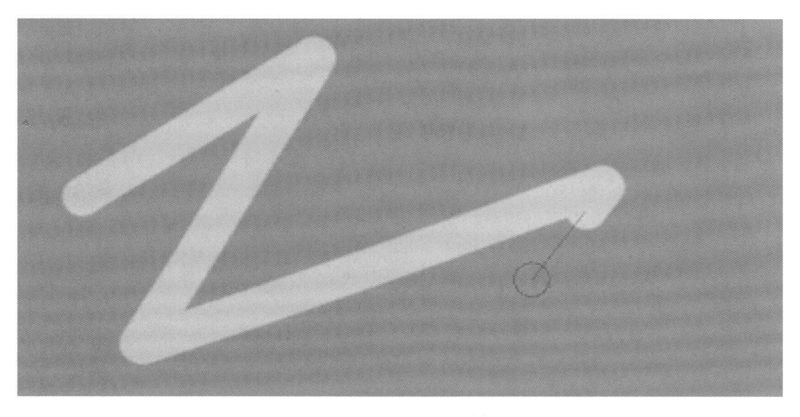

图 1–1–10　描边补充

补齐描边末端：完成从上一绘画位置到您松开鼠标 / 触笔控件所在点的描边，如图 1–1–11 所示。

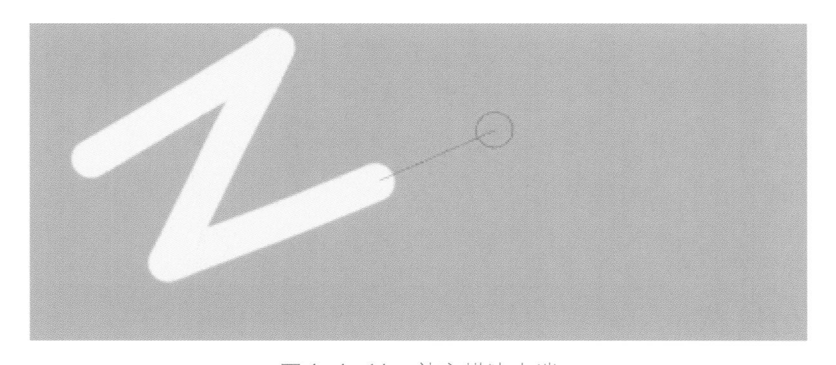

图 1–1–11　补齐描边末端

缩放调整：通过调整平滑，防止抖动描边。在放大文档时减小平滑，在缩小文档时增加平滑，如图 1–1–12 所示。

图 1–1–12　缩放调整

PS CC2018 还引入了“绘画对称”功能，默认状态为关闭。要启用此功能，则需要单击“首选项”→“技术预览”→“启用绘画对称”。这样就意味着该功能为试操作阶段。功能描述上，Adobe 官方表示：PHOTOSHOP 现在允许您在使用画笔、铅笔或橡皮擦工具时绘制对称图形。在使用这些工具时，单击选项栏中的蝴蝶图标。从几种可用的对称类型中选择，如图 1–1–13 所示。

绘画描边在对称线间实时反映，从而可以更加轻松地素描人脸、汽车、动物等。

利用对称绘画复杂图像，如图 1-1-14 所示。

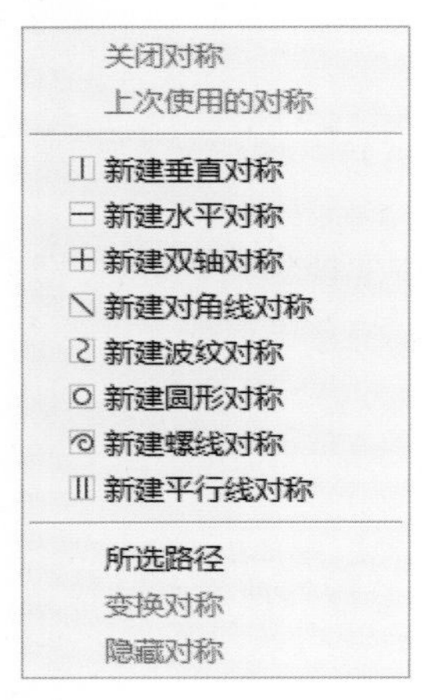

图 1–1–13　可选择的对称类型

图 1–1–14　利用对称绘画复杂图像

4. 紧跟新科技设计趋势——全景图制作和可变字体

前一段时间比尔·盖茨发过一张他办公室的全景图，小小引爆了这个新的看图方式，而 Adobe 早在 2017 时就在 Pr 等视频软件中支持 360° 全景制作了，这次终于也把这个功能引入到 PS 中，通过“菜单栏”→“3D”→“球面全景”选项，可以开启我们的全景图制作。

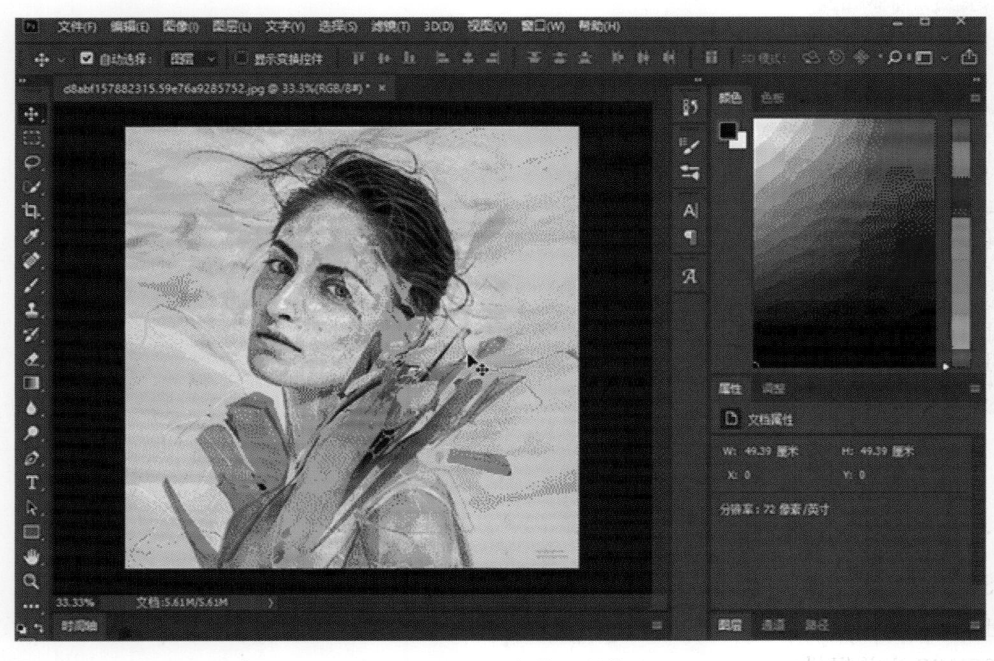

图 1–1–15　全景图制作

当然，目前的全景图制作还有待进一步更新。而 Adobe 也为此专门推出了一款新的软件——

Adobe Dimension CC，可以支持把全景图放置真实环境中创作，目前官网提供试用版，感兴趣的读者可以去下载感受。

Adobe 最近这两年在字体上也下了很大功夫，从之前的 Emoji 字体、Svg 字体到现在的“可变字体”。简单来说，可变字体就是通过滑竿自定义字体的属性，操作直观，官方定义是：PHOTOSHOP 现在支持可变字体，这是一种新的 OpenType 字体格式，支持直线宽度、宽度、倾斜度、视觉大小等自定义属性。

PS CC2018 附带几种可变字体，可以使用“属性”面板中便捷的滑块控件调整其直线宽度、宽度和倾斜度。在调整这些滑块时，PHOTOSHOP 会自动选择与当前设置最接近的文字样式。例如，在增加常规文字样式的倾斜度时，PHOTOSHOP 会自动将其更改为一种斜体的变体。字多不要紧，直接看图 1-1-16 演示即可：

图 1-1-16　可变字体操作

5. 智能缩放和 Microsoft Surface Dial 的支持

PS CC2018 在图片缩放上进行了更新，此前这个领域的功能一直属于第三方的市场，暂时看不出 Adobe 在这方面的努力，此功能默认开启状态，官方也并没有给出太多说明，定义为：PHOTOSHOP 当前提供由人工智能辅助的升级，可在调整图像大小时保留重要的细节和纹理，并且不会产生任何扭曲。除了肤色和头发纹理外，此功能还可保留更加硬化的边缘细节，例如文本和徽标。对汤、沙拉、披萨和任何其他需要保留纹理额外虚线的对象尝试此功能，如图 1-1-17 所示。

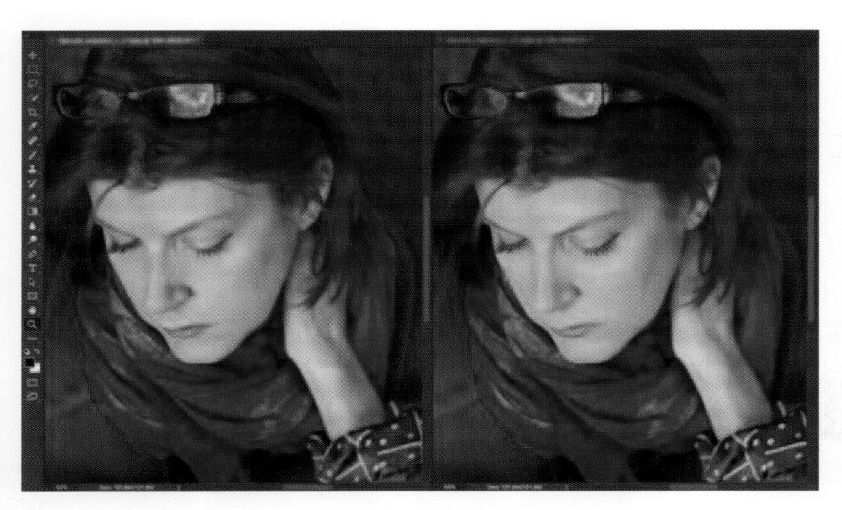

图 1—1—17　图像智能缩小

当然，此版本更新的一大亮点是对微软的 Dial 的功能支持，前提是要先买一台支持 Dial 的 Surface 笔记本式计算机或一体机。官方给出了一些简单的操作说明，比如：结合使用 Microsoft Surface Dial 和 PHOTOSHOP，您无须将目光从画布上移开即可调整工具设置。使用 Dial 可调整所有画笔类工具的大小、不透明度、硬度、流量和平滑。PHOTOSHOP 支持在运行 Windows 10 且启用了蓝牙的计算机上使用 Surface Dial。通过 Dial 调整画笔工具如图 1–1–18 所示。

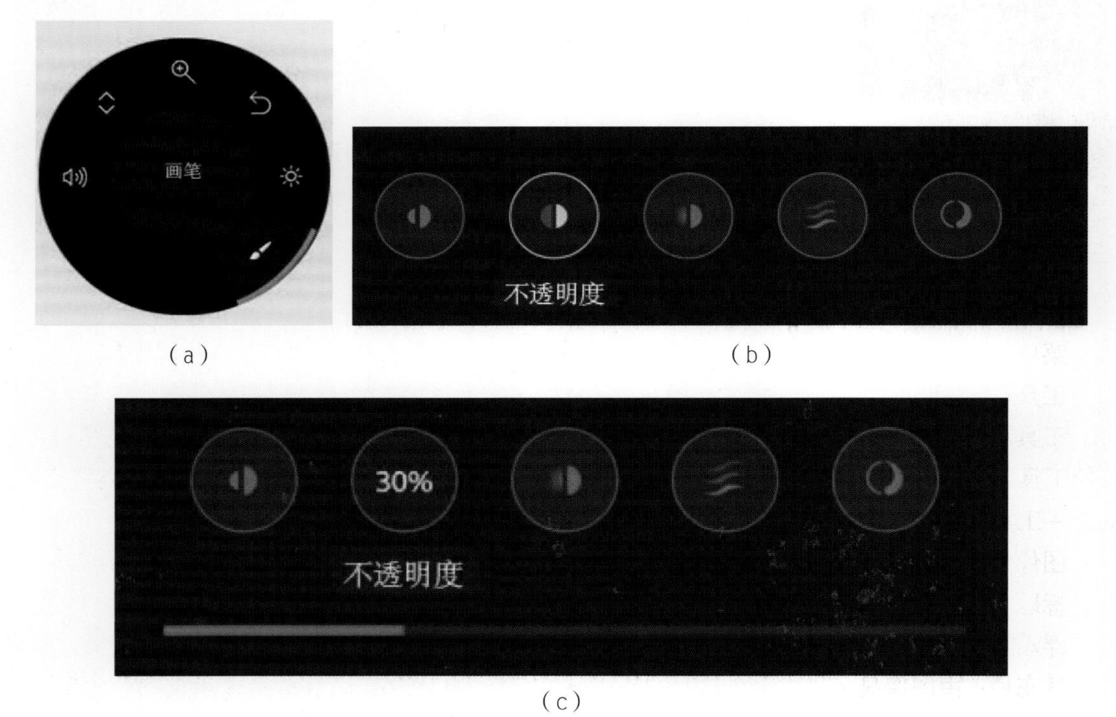

（a）　（b）

（c）

图 1—1—18　通过 Dial 调整画笔工具

以上就是 PS CC 2018 一些主要的新变化的介绍，而诸如路径选项、选择并遮住、属性面板、液化中的智能识别人脸等这次也都有所优化。

三、工作环境

1. 窗口组成

PS 窗口有 3 种屏幕模式，分别为标准屏幕模式、带有菜单栏的全屏模式、全屏模式。按“F”键可以在 3 种屏幕模式之间进行切换。PS 窗口如图 1-1-19 所示。

图 1-1-19 PS 窗口

菜单栏：由文件、编辑、图像、图层、文字、选择、滤镜、视图、窗口等菜单组成。

工具属性栏：又称“选项栏”，会随着工具的改变而改变，用于设置工具属性。

工具箱：PS 包含了 40 余种工具，工具图标中的小三角的符号，表示在该工具中还有与之相关的工具（隐藏工具）。工具的使用方法：按工具快捷键（工具后面的字母）；切换同类型工具：Shift + 工具快捷键；按住 Alt 键，单击工具图标，可在多个工具之间切换。

图像窗口：由标题栏、图像显示区、控制窗口图标组成，用于显示、编辑和修改图像。

标题栏：由图像文件名、文件格式、显示比例大小、层名称及颜色模式组成。

浮动面板：窗口右侧的小窗口称为浮动面板（控制面板），用于改变图像的属性。

状态栏：由图像显示比例、文件大小，表示图像的容量大小，包括图像大小和实际图像大小、浮动菜单按钮及工具提示栏组成。

PS 桌面：PS 窗口的灰色区域为桌面，其中包括显示工具箱、控制面板和图像窗口。

2. 浮动面板

浮动面板又称“控制面板”，打开方法：在“窗口”菜单中选择相应面板。

注：Tab 键用于隐藏或显示工具箱、浮动面板和属性栏；Shift + Tab 键用于隐藏或显示浮动面板。

导航器：可以显示图像的缩略图，更改图像的显示比例。

信息（F8）：用于显示选定位置的坐标值、颜色数据、所选范围大小、旋转角度等信息。

颜色（F6）：用于快速更改前景色和背景色。

色板：功能类似于颜色面板，可以用吸管吸取颜色的方式，快速更改前景色和背景色。

图层（F7）：用于对每个图层的图像进行单独编辑处理，而不影响其他图层的图像效果。

通道：用于记录图像的颜色数据和保存蒙版内容。

路径：用于显示矢量式的图像路径。

历史记录：用于记录处理图像时，操作的每一步，也可用于恢复图像和撤销上一步操作。

动作（F9）：用于录制编辑操作，是将一系列的操作活动组织成一个动作，提高操作的重用性，适合有规律的动作的重复使用，以实现操作自动化。

画笔（F5）：用于设置画笔大小、硬度、样式等工具的预设参数。

样式：用于给图形添加样式。

字符：用于编辑文本的字符格式。

段落：用于编辑文本的段落格式。

注：PS 工作界面的复位为窗口→工作区→复位基本功能。

第二节　图像和颜色

一、图像基本概念

1. 图像类型

位图图像：也称为“点阵图”“像素图”，即图像由一个个的颜色方格所组成，如图 1-1-20 所示，与分辨率有关，单位面积内方格（像素）越多，分辨率越高，图像的效果越好。优点是色彩丰富，缺点是放大后会失真，且生成的文件较大。

矢量图形：也称为“向量图形”，由数学方式描述的曲线组成，其基本组成单元为锚点和路径，如图 1-1-21 所示。由 Coreldraw、Illustrator、FreeHand 等软件绘制而成，优点是与分辨率无关，放大后不失真，且生成的文件较小，缺点是色彩单一。

2. 图像分辨率

图像分辨率：在单位长度内所含有的像素数量的多少，分辨率的单位为点 / 英寸（英文简写“dpi”，dots per inch）、像素 / 英寸（英文简写“ppi”，pixels per inch）、像素 / 厘米。一般用来印刷的图像分辨率，至少要为 300 dpi 才可以，低于这个数值印刷出来的图像不够清晰。如果打印或者喷绘，只需要 72 dpi 就可以了。分辨率越高，图像越清晰，所产生的文件越大，在工作中所需的内存和 CPU 处理时间越多。所以在制作图像时，不同品质的图像需设置适当的分辨率，例如用于打印输出的图像分辨率需要高一些，只在屏幕上显示的作品（如多媒体图像或网页图像），就可以低一些。

（a）点阵图

（b）放大后的点阵图

图 1–1–20　位图

（a）矢量图

（b）放大后的矢量图

图 1–1–21　矢量图

设备分辨率：每单位输出长度所代表的点数和像素。它与图像分辨率有所不同，图像分辨率可以更改，而设备分辨率不能更改。如平时常见的显示器、扫描仪和数字照相机，各自都有一个固定的分辨率。

输出分辨率：打印机等输出设备在输出图像的每英寸上所产生的点数。

位分辨率（Bit Resolution）：又称位深或颜色深度，用来衡量像素存储的颜色位数，决定在图像中存放多少颜色信息。所谓“位”，实际上是指“2”的平方次数，

1. 3. 图像格式

BMP（*.BMP；*.RLE）：是一种标准的位图式图形文件格式，它支持 RGB、索引、灰度和位图模式，但不支持 Alpha 通道。

TIFF（*.TIF）：支持 RGB、CMYK、LAB、IndexedColor、位图模式和灰度的颜色模式，并且在 RGB、CMYK 和灰度 3 种颜色模式中还支持使用通道（Channels）、图层（Layers）和路径（Paths）的功能，只要在 Save As 对话框中选中 Layers、Alpha Channels、Spot Colors 复选框即可。

PSD（*.PSD）：PS 的默认格式，可以保留 PHOTOSHOP 中所有的图层、通道、参考线、注释和颜色模式。在保存图像时，若图像中包含有层，则一般都用 PSD 格式保存。

JPEG（*.JPE；*.JPG）：此格式的图像通常用于图像预览和一些超文本文档中（HTML 文档）。JPEG 格式的优点是文件比较小，经过高倍率的压缩，是目前所有格式中压缩率最高的

格式。但 JPGE 格式在压缩保存的过程中会以失真方式丢掉一些数据，因此印刷品最好不要用 JPEG 格式。

EPS（*.EPS）：格式应用非常广泛，用于绘图或排版，是一种 PostScript 格式。它的最大优点是在排版软件中以低分辨率预览，将插入的文件进行编辑排版，在打印或出胶片时以高分辨率输出。EPS 支持 PS 中所有的颜色模式，但不支持 Alpha 通道，其在位图模式下还可以扶持透明。

GIF（*.GIF）：是 CompuServe 提供的一种图形格式，支持使用 LZW 压缩方式将文件压缩而不会太占磁盘空间。这种格式可以支持位图、灰度和索引颜色的颜色模式。GIF 格式还可以广泛应用于因特网的 HTML 网页文档中，但它只能支持 8 位（256 色）的图像文件。

PNG（*.PNG）：由 Netscape 公司开发用于网络图像，它不同于 GIF 格式图像只能保存 256 色（8 位），PNG 格式可以保存 24 位（1 670 万色）的真彩色图像，且支持透明背景和消除锯齿边缘的功能，可以在不失真的情况下压缩保存图像。但 PNG 格式不支持所有浏览器，保存的文件也较大，影响下载速度。PNG 格式文件在 RGB 和灰度模式下支持 Alpha 通道，但在索引颜色和位图模式下不支持 Alpha 通道。

PDF（*.PDF）：PDF（Portable Document Format，可移植文档格式）格式，它以 PostScript Level 2 语言为基础，因此可以覆盖矢量式图像和点阵式图像，并且支持超级链接，是网络下载经常使用的文件，支持 RGB、索引颜色、CMYK、灰度、位图和 LAB 颜色模式，并且支持通道、图层等数据信息。

二、颜色基本概念

1. 颜色模式

查看颜色模式的方法：“图像”→“模式”可用于转换图像模式。在 PS 中，模式与模式之间是可以相互转换的。

PS 的颜色模式有：RGB 颜色、位图、灰度、CMYK 颜色、LAB 颜色、HSB、多通道、双色调、索引颜色等。

（1）位图模式：也叫黑白图像，只有黑色和白色两种颜色，图像文件最小。当一幅彩色图像要转换成黑白模式时，不能直接转换，必须先将图像转换成灰度模式。

（2）灰度模式：有黑、白、灰 3 种颜色。灰度模式是从黑→灰→白的过渡，如黑白照片。

注：灰度模式的图像可以直接转换成位图模式和 RGB 模式，位图模式和 RGB 模式也可以直接转换成灰度模式，如图 1-1-22 所示。

（3）RGB 模式：PS 最常用的颜色模式，也称之为真彩色模式。RGB 就是常说的三原色，R 为红色、G 为绿色、B 为蓝色。RGB 图像文件比 CMYK 图像文件小，可以节省内存和存储空间，能够使用 PS 中所有的命令和滤镜，但无法完全打印。

（4）CMYK 模式：CMYK 模式是最佳印刷模式，也称之为“全彩色模式”。C 为青色、M 为洋红色、Y 为黄色，K 为黑色。利用色料的三原色混色原理，加上黑色油墨（青色、洋红、黄色混合，生成的颜色为深灰，所以添加黑色），四种颜色混合叠加，形成“全彩印刷”。

图 1-1-22 模式的转换

CMYK 模式与 RGB 模式的区别：RGB 模式产生色彩的方式称为加色法，是一种发光屏幕的加色模式；CMYK 模式产生色彩的方式称为减色法，是一种颜色反光的印刷减色模式。在处理图像时，一般不采用 CMYK 模式，因为文件较大，部分滤镜不能使用。

注：RGB 模式的图像需要打印时，可以转换为 CMYK 模式查看打印效果；转换过程中，会产生色彩及滤镜效果丢失。

（5）LAB 模式：LAB 模式由 3 种分量表示颜色，即由 3 个通道组成。

L：明度通道，代表亮度，范围在 0 ~ 100。

A：色彩通道，是由绿色到红色的光谱变化，范围在 -120 ~ 120 之间。包括的颜色是从深绿色（低亮度值）→灰色（中亮度值）→亮粉色（高亮度值）。

B：色彩通道，是由蓝色到黄色的光谱变化，范围在 -120 ~ 120 之间。包括的颜色是从亮蓝色（低亮度值）→灰色（中亮度值）→黄色（高亮度值）。

LAB 模式是 PS 的默认模式，在转换成 CMYK 模式时色彩不会丢失或被替换。因此，在处理需要打印的图像时，最佳避免色彩损失的方法是：应用 LAB 模式编辑图像，再转换为 CMYK 模式打印输出，但 LAB 模式在 PS 中很多功能都不能用。

注：RGB 模式转换成 CMYK 模式时，PS 会自动转换为 LAB 模式，再转换为 CMYK 模式。

（6）HSB 模式：是一种基于人的直觉的颜色模式，利用此模式可以选择各种不同明亮度的颜色。在 PHOTOSHOP 中不直接支持这种模式。H（hues）表示色相，S（saturation）表示饱和度，B（brightness）表示亮度，如图 1-1-23 所示。

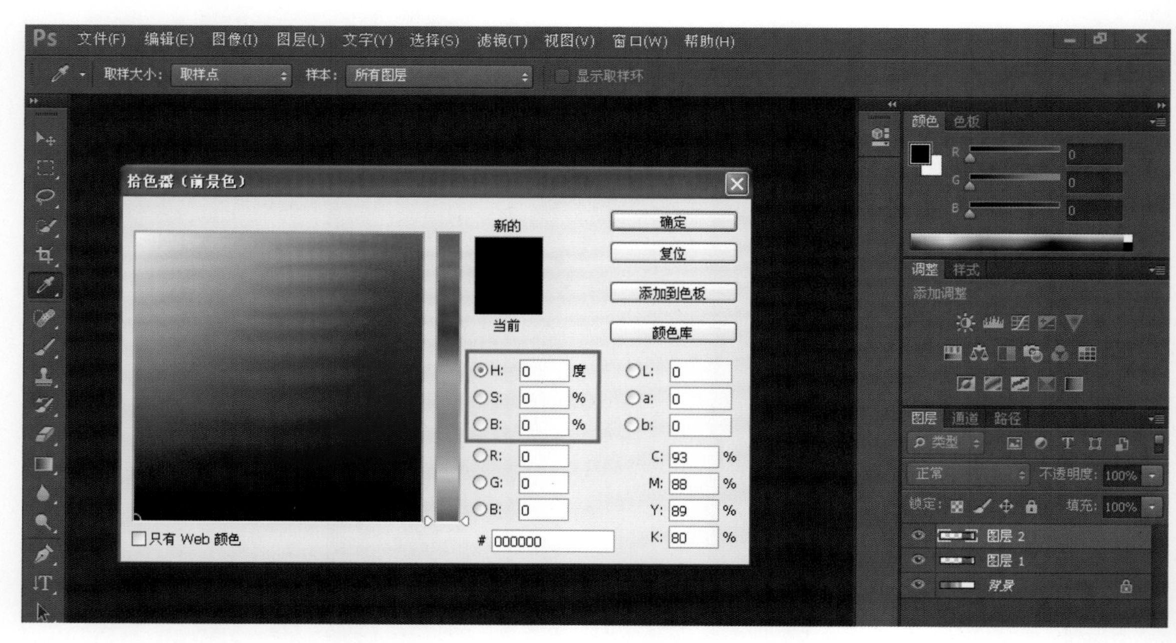

图 1—1—23　HSB 模式

色相（H）：即色彩颜色，用于调整颜色，范围为 0 ~ 360 度。色相是由颜色名称标识的。如：光由红、橙、黄、绿、青、蓝、紫 7 色组成，每种颜色代表一种色相。

饱和度（S）：也称为彩度，是指颜色的强度或纯度，范围为 0% ~ 100%。调整饱和度也就是调整图像彩度。饱和度为 0% 时，为灰色的图像；饱和度为 100% 时，为纯色图像。

亮度（B）：就是图像颜色的相对明暗程度，范围为 0% ~ 100%。调整亮度就是调整图像的明暗度。

对比度：不同颜色之间的差异。对比度越大，两种颜色之间的反差就越大；对比度越小，两种颜色之间的反差就越小，颜色越相近。

（7）多通道模式：在多通道模式中，每个通道都合用 256 灰度级存放着图像中颜色元素的信息。该模式多用于特定的打印或输出。例如，如果图像中只使用了一两种或两三种颜色时，使用多通道颜色模式可以减少印刷成本。

注：将一个以上通道合成的任何图像转换为多通道模式后，原通道将被转换为专色通道。

将彩色图像转换为多通道时，新的灰度信息基于每个通道中像素的颜色值。

将 CMYK 图像转换为多通道模式后，颜色通道将变为青色、洋红、黄色和黑色专色通道。

将 RGB 图像转换为多通道模式后，颜色通道将变为青色、洋红和黄色专色通道。

将 RGB、CMYK 或 LAB 图像中删除一个通道，可以自动将图像转换为多通道模式。

（8）双色调模式：是用两种油墨打印的灰度图像。黑色油墨用于暗调部分，灰色油墨用于中间调和高光部分。但是，在实际过程中，更多地使用彩色油墨打印图像的高光颜色部分，因为双色调需使用不同的彩色油墨重现不同的灰阶。

要将其他模式的图像转换成双色调模式的图像，必须先转换成灰度模式才能转换成双色调模式。转换时，可以选择单色版、双色版、三色版和四色版。

使用双色调的重要用途之一是使用尽量少的颜色表现尽量多的颜色层次，减少印刷成本。

举例说明：

如图 1-1-24 所示，第一张是原图、第二张是灰度图、第三张是单色调图，后面依次是双色调、三色调、四色调图。

（a）原图　（b）灰度图　（c）单色调图　（d）双色调图　（e）三色调图　（f）四色调图

图 1—1—24

（9）索引色模式：网上和动画中常用的图像模式，当彩色图像转换为索引颜色的图像后，包含近 256 种颜色。

索引颜色的图像只有一个索引通道，包含一个颜色表。如果原图像中颜色不能用 256 色表现，PS 则会从可使用的颜色中选出最相近颜色来模拟这些颜色，减小图像文件的尺寸，如图示 1-1-25 所示。

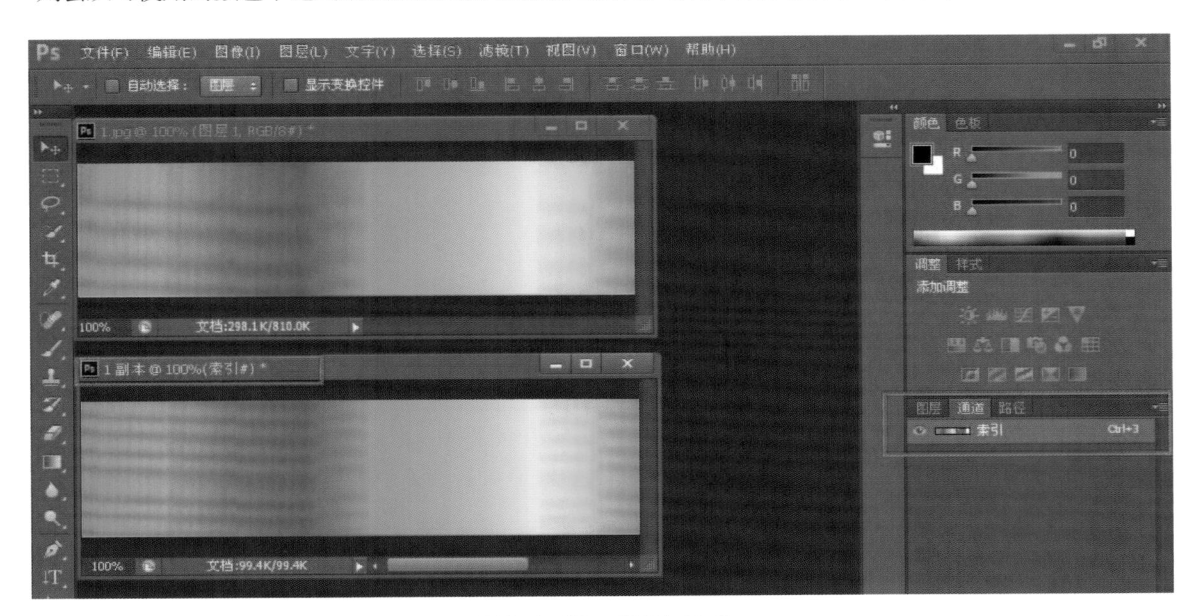

图 1—1—25　索引色模式

注：在表达色彩范围及图像处理速度上，第一位的是 LAB 模式，第二位是 RGB 模式，第三位是 CMYK 模式。

2. RGB 与 CMYK 比较

RGB 颜色模式与 CMYK 色颜色模式的关系如图 1-1-26 所示。

RGB 颜色模式与 CMYK 颜色模式的颜色数据信息及关系如表 1.1.1 所示。

RGB 颜色模式的数据信息范围为 0 ～ 255；CMYK 颜色模式的数据信息范围为 0% ～ 100%。

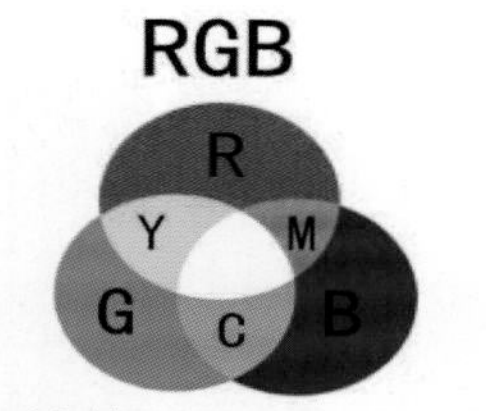

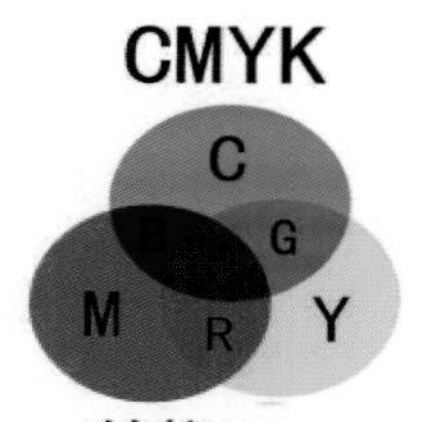

RGB—转换—CMYK　变亮　　CMYK—转换—RGB　变暗

图 1–1–26　RGB 颜色模式与 CMYK 颜色模式关系

表 1.1.1　RGB 颜色模式与 CMYK 颜色模式数据信息关系

颜色	红色（R）	绿色（G）	蓝色（B）	白色	青色（C）	洋红（M）	黄色（Y）	黑色（K）
R（红色）	255	0	0	255	0	255	255	0
G（绿色）	0	255	0	255	255	0	0	0
B（蓝色）	0	0	255	255	255	255	0	0
C（青色）	0	100	100	0	100	0	0	0
M（洋红）	100	0	100	0	0	100	0	0
（Y 黄色）	100	100	0	0	0	0	100	0
K（黑色）	0	0	0	0	0	0	0	0

第三节　文件操作

1. 新建文件

新建文件方法：① [文件→新建]；② [Ctrl ＋ N]，如图 1–1–27 所示。

2. 打开文件

“打开”图像文件方法：① [文件→打开；② [Ctrl ＋ O]；③ 双击 PS 窗口。

打开多个连续文件，按住 [Shift ＋单击]；打开多个不连续文件，按住 [Ctrl ＋单击]。打开最近打开过的图像文件：文件→打开最近文件。

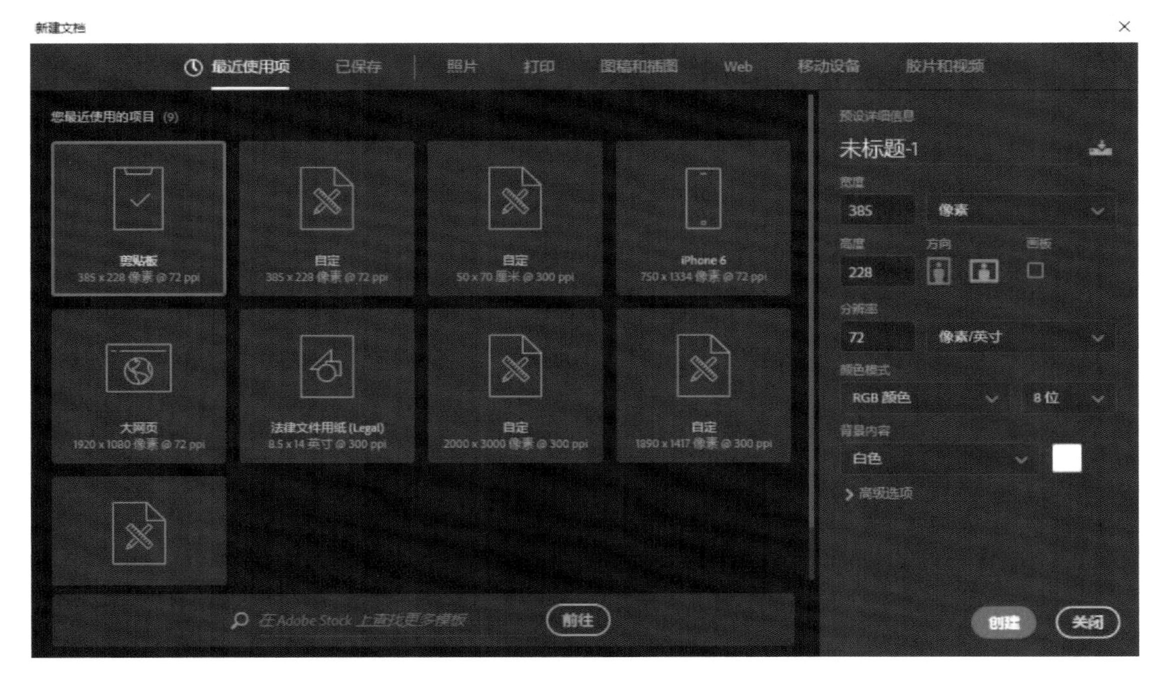

图 1–1–27　新建文件窗口

“最近打开文件列表”数量过少，也会造成不能显示用户打开过的文件。更改“最近打开文件列表”数量的方法是：选择 [编辑→首选项→文件处理→近期文件列表包含]，输入框中输入要显示的文件列表数量。

3. 保存文件

（1）点击 [文件→保存]；也可以点击快捷键 [Ctrl ＋ S]（可保存 PS 的默认格式 PSD 格式）。
（2）点击 [文件→存储为]；也可以点击快捷键 [Shift ＋ Ctrl ＋ S]（可保存为其他格式）。

第四节　辅助工具及系统优化

1. 标尺工具

标尺工具（I）定义：用于测量两点间的距离和角度，信息面板可查看结果，如图 1–1–28 所示。其中 X、Y 为坐标；A 为角度；D 为长度；W、H 代表宽度和高度。

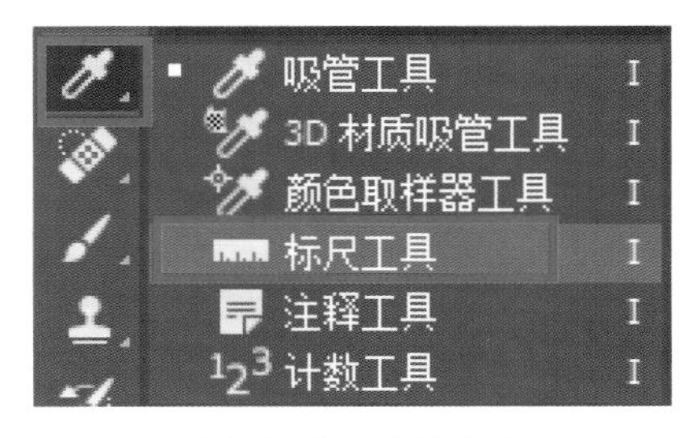

图 1–1–28　标尺工具

显示与隐藏标尺：① [视图→标尺]；② 快捷键：[Ctrl ＋ R]。标尺的默认单位为厘米（cm）。用鼠标拖曳参考线的同时按住 [Shift] 键可以锁定到最小的刻度。

测量长度的方法：直接在图形上拖动，按 [Shift] 键以水平、垂直或 45° 角的方向操作。

测量角度的方法：画出第一条测量线段，在第一条线段的终点处按 [Alt] 键拖出第二条测量的线段即可测量出角度。

2. 参考线

参考线作用：用于设置图像精确对齐，或查找图像及画布的中心点等。

新建参考线的方法：①[将标尺调出→使用移动工具→从标尺中拖出参考线]；②[视图→新建参考线]；③[视图→显示→参考线/网格/智能参考线]。

注：参考线是通过从文档的标尺中拖出而生成的，因此请确保标尺是打开的。

清除参考线：①将参考线拖到画布以外区域；②视图→清除参考线

3. 放大与抓手工具

放大与抓手工具图标如图 1-1-29 所示。

图 1-1-29 放大与抓手图标

（1）放大。

快捷键：[Ctrl ＋＋]；[Ctrl ＋－]。

鼠标：[Alt ＋滚轮]。

（2）抓手。

操作方法：按住“空格”＋鼠标拖动。

4. 系统优化

在菜单中执行[编辑→首选项→常规]命令（快捷键：[Ctrl ＋ K]）可以对 PS 进行一些常规设置与优化，一般采用默认值。

常规设置包括：

界面：对主界面颜色等的设置；

文件处理：在存储时是否弹出询问对话框等的设置；

性能：对历史记录默认步数等的设置，默认为 20 步；

光标：对使用画笔时光标的颜色与笔尖等的设置；

透明度与色域：对透明画布及透明图像的透明色块的颜色与大小等的设置；

单位与标尺：对标尺的优化及标尺单位的更改等的设置；

参考线、网格和切片：对参考线、网格线、切片状态等内容的设置；

文字的设置：对文字进行优化设置。

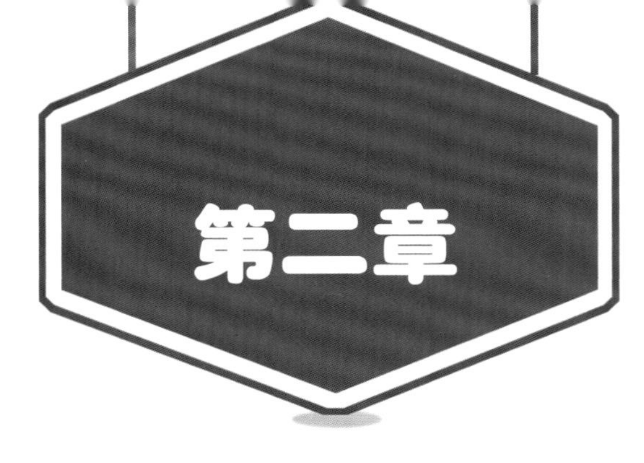

PHOTOSHOP 选区工具

第一节　选框工具

一、选框工具介绍

选框工具（M）：属于规则选区工具，包括矩形选框、椭圆选框、单行选框和单列选框工具，如图 1-2-1 所示。

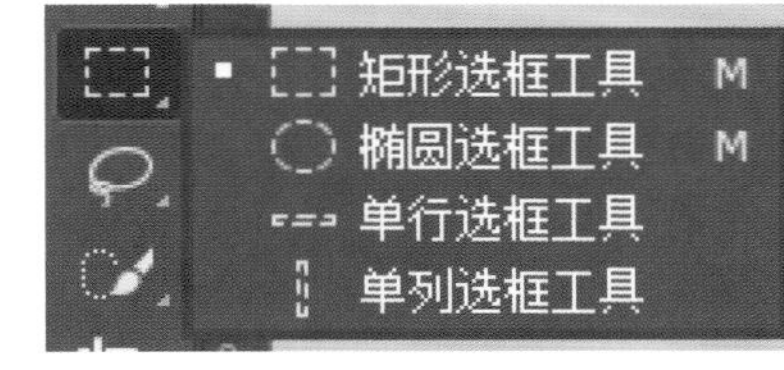

图 1-2-1　选框工具

相关快捷键及功能介绍：

工具切换：[M] 键可以快速选择选框工具；[Shift + M] 可以在矩形和圆之间切换。

等比例缩放：按 [Shift 键 + 选框工具]，可以绘制正方形或者正圆。

中心缩放：按 [Alt 键 + 选框工具]，可以以中心点绘制矩形或者圆。

中心等比例缩放：[按 Alt + Shift + 选框工具]，可以从中心点绘制正方形或者正圆。

取消选区：选区上 [右击→取消选区]、[选择→取消选区]、或 [Ctrl + D] 组合键。

填充前景色：[Alt + Delete]；填充背景色：[Ctrl + Delete]。

切换前景色和背景色：[X]；切换成默认黑白色：[D]。

撤销一步：[Ctrl + Z]；撤销多步：[Ctrl + Alt + Z]。

调整选区：[Alt + S + T]。

注：使用“历史记录”面板可以快速使图像恢复到打开状态。

二、选框工具的属性

新选区：创建一个新的选区，第二个选区会自动替换上一个选区。

添加到选区：多个选区不相交时，同时存在；相交时，两个选区融合为一个选区。

从选区中减去：多个选区不相交，保留第一个选区；相交时，相交区域被删除。

与选区交叉：多个选区不相交，无法生成选区；相交时，相交区域被保留。

正常：默认的选择方式。最常用的方式，可以选择不同大小、形状的长方形和椭圆。

约束长宽比：可以设定选区的宽和高的比例。默认为 1 ：1，可绘制正方形或正圆。若设置宽和高比例为 2 ：1 时，绘制的矩形选区的宽是高的两倍，椭圆选区的长轴是短轴的两倍。

固定大小：可以设定固定尺寸的选区范围。尺寸由宽度和高度文本框中输入的数值决定。此时在图像中单击即可获得选区范围，并且该选区范围的大小是固定不变的。

注：工具属性栏中的属性设置适用于矩形选框和椭圆选框工具。

选择并遮住：用于对选区做平滑、羽化、锐化等调整，以及扩张或收缩选区，如图 1-2-2 所示。

图 1—2—2　选择并遮住属性

选择并遮住各选项的作用：

智能半径：调整半径数值，可以扩张或收缩选区。

平滑：选区变得平滑。取值范围为 0 ~ 100，对于精细抠图，一般取值为 2、3，不宜过大。

羽化：软化选区边缘。取值范围为 0 ~ 1 000 Px。

对比度：与羽化的功能相反。增加对比度会使柔化的边缘变得清晰，取值范围为 0% ~ 100%。

移动边缘：减小（取负）或者增大（取正）边缘的范围。当边缘出现多余的“色边”时，减小边缘可以消除原背景造成的色边，这是去除边缘杂色的好方法。

第二节　套索工具（L）

一、套索工具

套索工具属于不规则选区工具，包括套索工具、多边形套索工具和磁性套索工具，如图1–2–3所示。

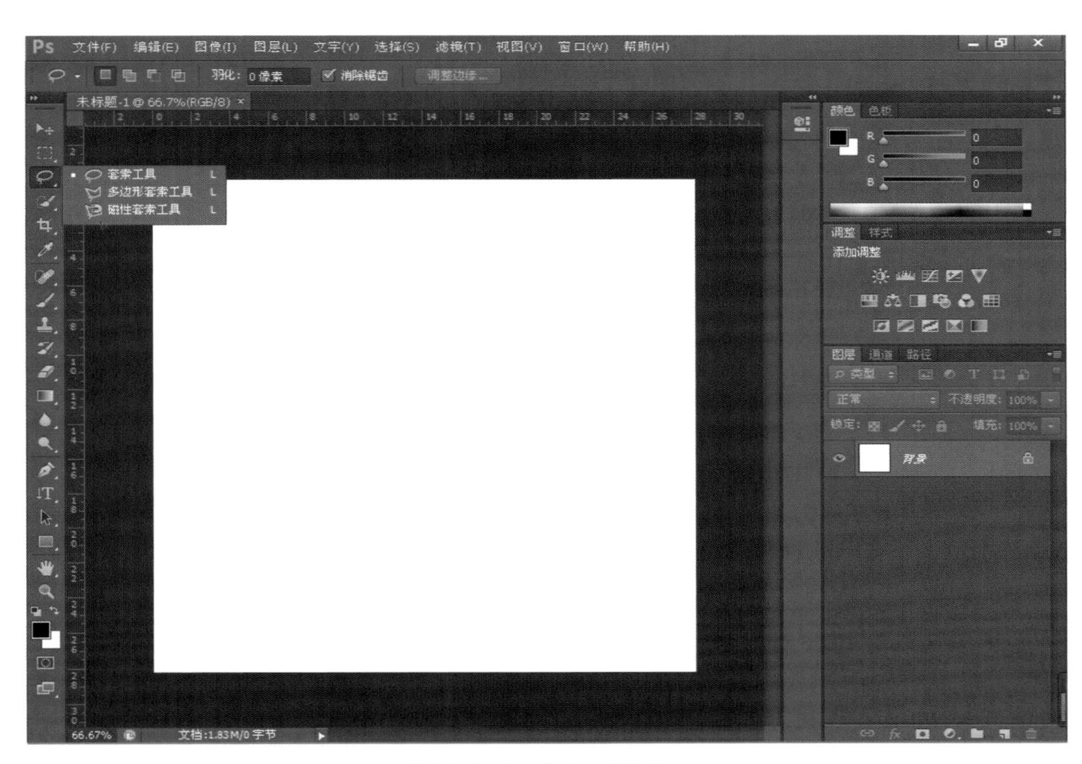

图 1–2–3　套索工具图标

（1）套索工具：可以选取任何形状的不规则选区，也可以设定消除锯齿和羽化边缘的功能。

注：在使用套索工具时，按住 [Delete] 键，可使曲线逐渐变直；在未放开鼠标键之前，按 [Esc] 键可取消刚才的选定。

（2）多边形套索工具：可以选择不规则形状的多边形，如三角形、梯形和五角星等区域。

相关快捷键：

在使用多边形套索工具时，按住 [Shift] 键，可绘制水平、垂直或 45° 角的线条。

按 [Alt ＋单击套索工具按钮]，可在套索工具之间进行轮流切换。

在使用多边形套索工具时，按一下 [Delete] 键，可删除最近选取的线段；按住 [Delete] 键不放，可删除所有选区的线段；按一下 [Esc] 键，则取消选择操作。

（3）磁性套索工具：具有识别边缘的作用，用于选区具有相近颜色的区域；具有方便、准确、快速选区的特点。

注：若在选取时按下 [Esc] 或 [Ctrl ＋ .] 组合键，可取消当前选定。

二、套索工具的属性“磁性套索”

磁性套索如图 1-2-4 所示，各属性含义如下。

羽化：用于设定选区的羽化功能，使选区边缘得到软化效果。其值在 0 ~ 1 000 px 之间。

消除锯齿：用于设定消除选区边缘的锯齿。用于使选区边缘平滑，不出现锯齿。

宽度：用于设定探查的边缘宽度，其值在 1 ~ 256 像素之间。数值越大，探查的范围越大；数值越小，探查范围越精确。

对比度：用于设定套索的敏感度，其值在 1% ~ 100% 之间。数值越大，选区范围越精确。

频率：用于设置选取时的定点数，数值越大，定点越多，固定选区边框越快。

图 1-2-4　磁性套索

第三节　魔棒与快速选择工具（W）

一、魔棒工具

魔棒工具主要功能是在进行选取时，能够选择出颜色相同或相近的区域，如图 1-2-5 所示。

图 1-2-5　魔棒工具使用

魔棒工具的属性：

容差：容差数值 0 ~ 255 决定选区范围。值越小，选取的颜色越相近，选区范围越小。

消除锯齿：设定所选区范围域是否具备消除锯齿的功能。

应用于所有图层：该复选框用于具有多个图层的图像。未选中它时，魔棒只对当前选中的层起作用，若选中它，则对所有层起作用，即可以选取所有层中相近的颜色区域。

邻近的：选择时，可选择图像中相邻区域的相同像素；未选择时，可选择图像中符合该像素要求的所有区域中的相同像素。

反向选择：在选区上 [右击→选择反向]；快捷键：[Ctrl + Shift + I]。

二、快速选择工具

快速选择工具是比魔棒工具更具有弹性的选择方法，用特定的颜色范围选区，应用于所有图层，此方法选择可以一边预览一边调整，还可以轻松完善选区的范围。

图像裁剪与图像变形

第一节　裁剪工具

裁剪工具包括裁剪工具、透视裁剪工具、切片工具、切片选择工具，如图 1-3-1 所示。

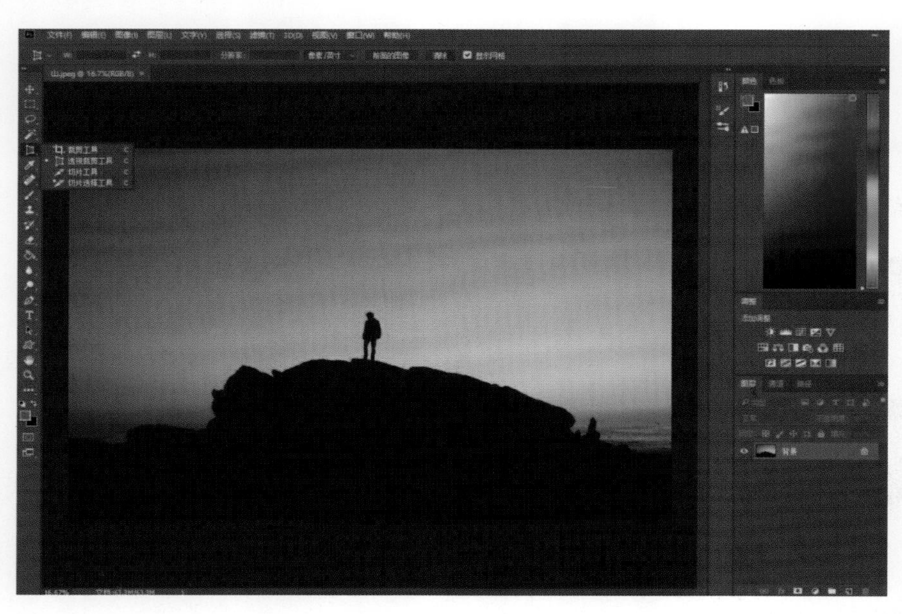

图 1-3-1　裁剪工具

一、裁剪工具

裁剪工具能更改图像尺寸，或者裁切多余部分，将图像中不需要的地方删掉，裁剪后图像的尺寸将变小。使用裁剪工具可以自由控制裁剪的大小和位置，在裁剪的同时还可以对图像进行旋转、变形，以及改变图像分辨率等操作。

使用菜单裁剪图像的方法是：创建一个选区，单击 [图像→裁剪] 命令。

注：按住 [Shift] 键，可选取正方形的裁剪范围；按住 [Alt] 键，可选取以开始点为中心点的裁

剪范围；按住 [Shift + Alt] 键拖动，可选取以开始点为中心点的正方形裁剪范围。

裁剪工具的参数的作用如下：

（1）裁剪属性：用于设置裁剪框的比例

不受约束：可以裁剪任意大小的图像。

固定比例：可以裁剪固定尺寸或固定形状的图像。

大小和分辨率：用于设定被裁剪后生成的图像的大小和分辨率。

（2）宽度、高度、分辨率：用于设置裁剪范围的宽度、高度和分辨率。

（3）前面的图像：用于显示当前图像的实际高度、宽度及分辨率。

（4）清除：可以清除在宽度、高度和分辨率文本框中设置的数值。

（5）删除裁剪的像素。

勾选：提交裁剪后，则删除被裁剪范围之外的图像；

不勾选：提交裁剪后，则隐藏被裁剪范围之外的图像，裁剪范围之外的图像内容不被删除；单击裁剪工具即可查看原图。

（6）旋转裁剪框：用于对裁剪区域旋转、缩放及变形。

二、透视裁剪工具

透视裁剪工具可以纠正由于相机或者摄影机角度问题造成的畸变，可对裁剪范围进行透视变形和扭曲操作，可以将立体的图片裁剪为平面图片，如图 1-3-2 所示。

图 1-3-2　透视裁剪工具

第二节　调整图像和选区

一、图像大小与画布大小

打开方法：[图像→图像大小] 或者 [Ctrl ＋ Alt ＋ I]；[图像→画布大小] 或者 [Ctrl ＋ Alt ＋ C]，如图 1–3–3 所示。

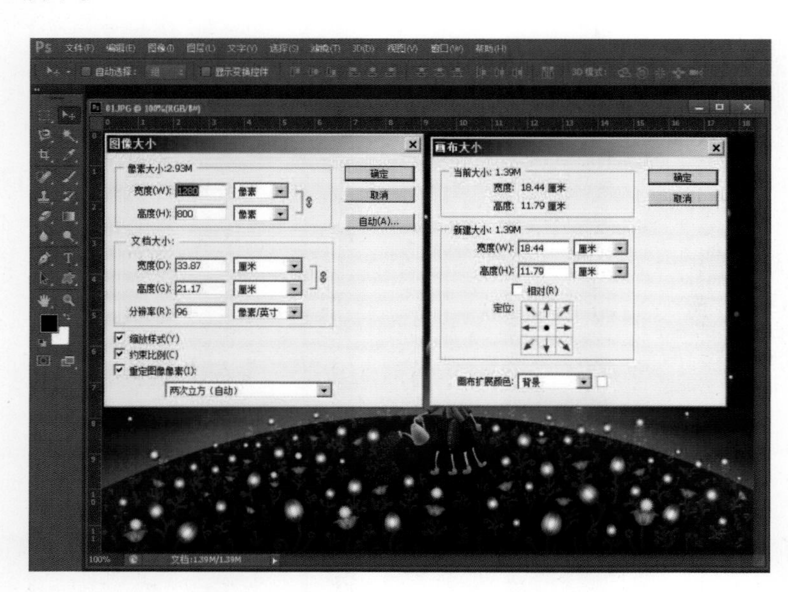

图 1–3–3　图像大小与画布大小打开方法

图像大小：可以显示和修改图像的尺寸、图像的文件大小和图像的分辨率。图像尺寸包括图像的宽度和高度（像素尺寸和文档尺寸）。

修改图像尺寸大小与修改图像分辨率的区别

修改图像尺寸：图像的尺寸改变，图像的文件大小改变，但图像分辨率不会改变。

修改图像分辨率：图像的尺寸、文件大小及分辨率都会被改变。

画布大小：画布是指绘制和编辑图像的工作区域。画布大小可以显示和修改图像编辑区域的尺寸大小和新建画布的尺寸大小；调整画布大小可以在图像四边增加空白区域，或者裁剪多余的图像边缘。

注：使用图像大小改变图像时，图像会随着尺寸和分辨率的改变而更改；使用画布大小改变图像时，图像不会随着画布尺寸的改变而更改。

二、调整选区

当有了选区后，可能因位置和选区大小不合适，需要对选区进行移动、修改、变形、旋转、翻转和自由变换等操作。

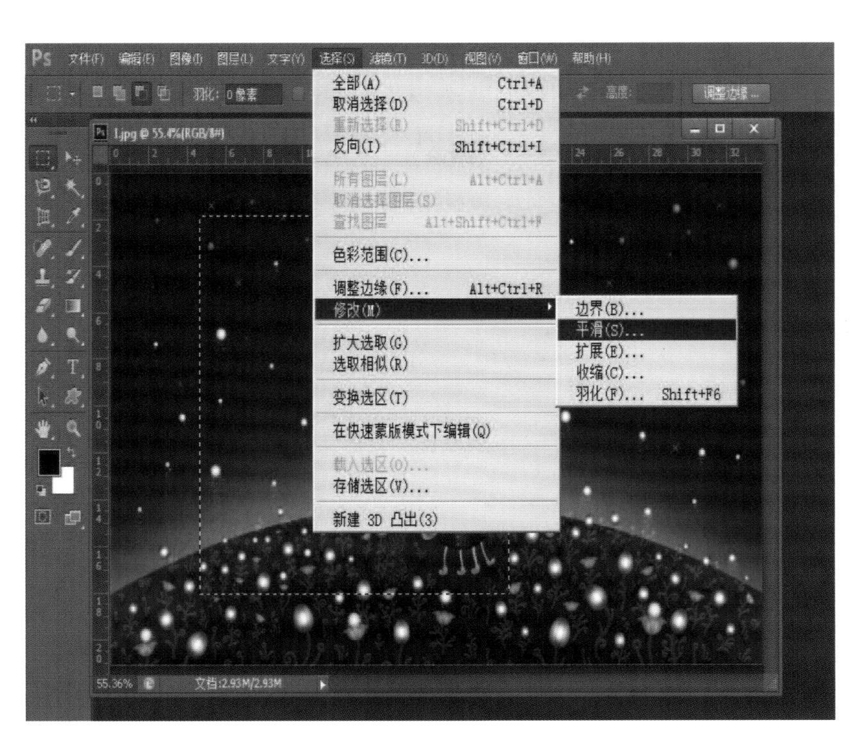

图 1–3–4 使用“菜单”调整选区

（1）使用“快捷键”调整选区：[Alt + S + T] 可以对选区进行缩放和旋转。使用鼠标和方向键移动选区（方向键移动：1px/ 次；Shift + 方向键：10px/ 次）。

（2）使用“菜单”调整选区：[选择→修改]，如图 1–3–4 所示。

边界：形成虚化的轮廓，可以制作“圆角边框”或对图像进行“圆角描边”。

平滑：使选区边角被圆角化，可以将选区变为圆角如“圆角矩形”。

扩展：在矩形选区情况下，边角被倒角且变大，可以扩大选区。

收缩：只是收缩一定的宽度，可以缩小选区。

羽化：使选区内外衔接部分虚化。

（3）对图像和选区进行描边：[编辑→描边]。

（4）[选择→色彩范围]：选择相近的颜色，白色区域会生成选区，支持加减选。

第三节 图像变形

一、移动图像和图像变形

1. 移动图像

使用移动工具配合方向键可以移动整个图像或选区内的图像，如图 1–3–5 所示。

图 1–3–5　移动图像操作

移动工具的属性

（1）自动选择：有两个属性“图层 / 组”。勾选后，当没有选定任何图层时，直接使用鼠标单击图像，即可选择相应图层或组。不勾选：当没有选定任何图层时，使用移动工具移动图像时，会有对话框提示“不能使用移动工具，因为没有选中图层”。

（2）显示变换控件：在选择的图层或选区中显示变换控件，用于对图像缩放和旋转。

（3）自动对齐图层：把具有相同元素的多个图像中的相同元素重合，即将具有相同元素的图像合成为一个图像，多用于接图。

（4）自动对齐图层的使用。

方法：将两个图像放到一个图像文件中，执行 [窗口→排列→将所有内容合并到选项卡中]。打开“移动工具”属性栏，单击 [自动对齐图层] 按钮，在“自动对齐图层”窗口中选择以哪种 [投影] 形式“自动对齐图层”，单击 [确定]，如图 1-3-6 所示。

图 1–3–6　自动对齐图层窗口

注：选择移动工具，[按住 Alt ＋鼠标拖动选区] 可以复制选区内的图像内容。

2. 调整图像

可以对图像进行变形、旋转和翻转等操作。

使用“菜单”调整图像：[编辑→自由变换 / 变换]，如图 1-3-7 所示。

图 1-3-7　调整图像

缩放、旋转：用于缩放图像大小和旋转图像，相当于自由变换。

斜切：基于选定点的对称点位置不变的情况下，对图形的变形。该功能只在原图水平方向和垂直方向进行变形。快捷键：[Ctrl ＋ Shift ＋鼠标拖动]。

扭曲：可以对图像进行任何角度的变形。快捷键：[Ctrl ＋鼠标拖动]。

透视：可以对图像进行“梯形”或“顶端对齐三角形”的变化。

变形：把图像边缘变为路径，对图像进行调整。矩形空白点为锚点，实心圆点为控制柄。

注：以上所有命令都基于“自由变换”基础上，操作前先按 [Ctrl ＋ T]，然后再执行 [编辑→变换] 或配合快捷键使用。

二、复制与自由变换

使用“快捷键”复制和自由变换图像（效果见图 1–3–8 所示）：

自由变换：[Ctrl + T]，用于对图像进行缩放和旋转。

复制并变换：[Ctrl + Alt + T]。

复制并再次变换：[Ctrl + Alt + Shift + T]。

等比例缩放：[按住 Shift + 鼠标拖动]。

中心等比例缩放：[按住 Alt + Shift + 鼠标拖动]。

注：以上命令适用于在同一幅图像中，重复使用率较高的图像元素，且此图像元素使用的图像调整及变形命令一致。

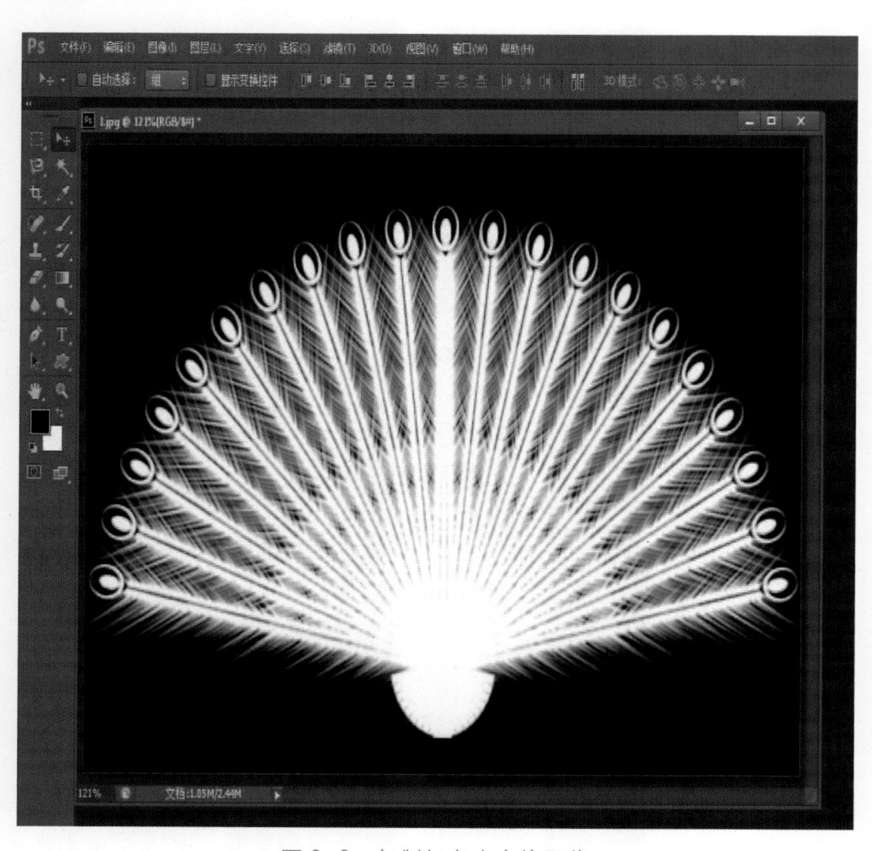

图 3–8　复制与自由变换图像

第四章

图　层

第一节　图层认识与图层功能

一、功能简述 [图层面板：F7]

PS 可以将图像的每一个部分置于不同的图层中，由这些图层叠放在一起形成完整的图像效果，用户可以独立地对每个图层中的图像内容进行编辑修改和效果处理等操作，而对其他图层不会产生任何影响。图层与图层之间可以合成、组合和改变叠放次序。图层示例如图 1–4–1 所示。

图 1–4–1　图层示例

二、图层类型

普通图层：是最基本的图层类型，它就相当于一张透明纸 。

背景图层：相当于绘图时最下层不透明的画纸，一幅图像只能有一个背景层。

文本图层：使用文本工具在图像中创建文字后，自动创建的文本图层。

形状图层：使用形状工具绘制形状后，自动创建的形状图层。

填充图层：可在当前图像文件中新建指定颜色的图层，即可以在当前图层中填入一种颜色（纯色或渐变色）或图案，并结合图层蒙版的功能，从而产生一种遮盖特效。

调整图层：可以调整单个图层图像的“亮度 / 对比度”“色相 / 饱和度”等，用于控制图像色调和色彩的调整，而使原图不受影响。

注：形状图层不能直接执行色调和色彩调整以及滤镜等功能，必须先转换成普通图层之后才可使用。

三、图层面板的认识和使用

图层名称：默认名称为背景层、图层 1、图层 2……；右击图层名称可重命名图层。

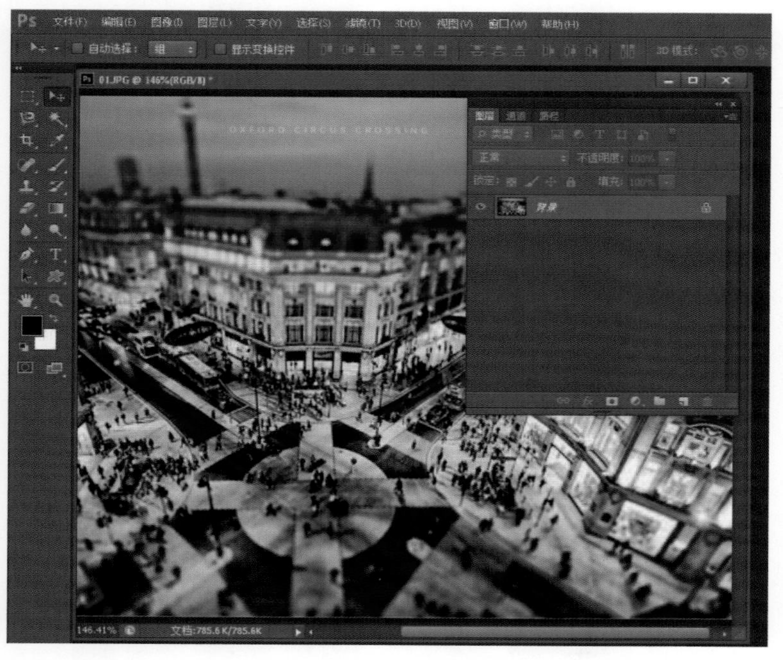

图 1–4–2 背景图层

图层缩略图：用于显示当前图层中图像的缩略图，通过它可以迅速辨识每一个图层。

眼睛图标：用于显示或隐藏图层。

按住 Alt 键单击当前图层的眼睛图标可以隐藏除当前层以外的其他图层。再次单击可以恢复全部显示。

当前（作用）图层：在图层面板中以蓝颜色显示的图层，表示正在被用户修改，所以称之为作用图层或当前图层。

图层链接：出现链条图标时，表示这些图层链接在一起，链接图层可以同时进行移动、旋转和变换等操作。

创建图层组按钮：单击此按钮可以创建一个新集合。

创建填充图层 / 调整图层按钮：可以创建一个填充图层或者调整图层。

创建新图层按钮：可以建立一个新图层，将现有图层拖到此按钮可以复制当前图层。

删除当前图层按钮：可以将当前图层删除，用鼠标拖动图层到该按钮上也可以删除图层。

添加图层蒙版按钮：可以给当前图层建立一个图层蒙版。

添加图层效果按钮：可以给当前图层添加图层效果。

不透明度：用于设置图层的不透明度，应用于所有图层。

色彩混合模式：可以选择不同色彩混合模式来决定两个图层叠合在一起的效果。

锁定：在此选项组中指定要锁定的图层内容。

锁定图层透明区域：可以将当前图层保护起来，不受任何填充、描边及其他绘图操作的影响。

锁定图像像素：不能够对锁定的图层进行移动、旋转、翻转和自由变换等编辑操作。

锁定位置：对锁定的图像进行位置的移动。

锁定全部：将完全锁定这一图层，此时任何绘图操作、编辑操作（包括删除图像、色彩混合模式、不透明度、滤镜功能和色彩、色调调整等功能）均不能在这一图层上使用，只能够在图层面板中调整这一层的叠放次序。

四、图层的基本操作

新建普通图层：①[图层→新建→图层]；②使用图层面板中的[新建]按钮新建图层；③快捷键 [Ctrl + Shift + N]，如图 1-4-3 所示。

图 1-4-3　新建图层

注：[新建] 命令，只能新建透明背景的图层。

新建背景层：[图层→新建→背景图层]，可以创建一个有背景层属性的图层。

新建调整层：[图层→新建调整层]。

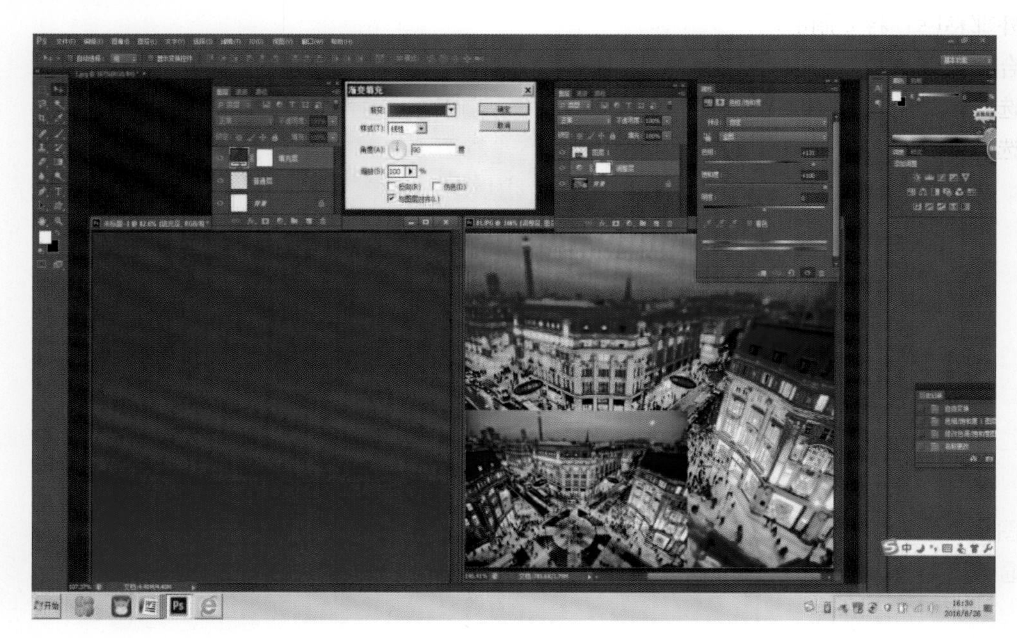

图 1—4—4　新建调整层

五、图层的编辑

复制图层的方法：

① 选中图层右击复制；② 快捷键 [Ctrl ＋ J]；③ 移动工具状态下按住 Alt 键拖动图形。

调整图层顺序：

上移一层：[Ctrl ＋]]；

下移一层：[Ctrl ＋ []；

置于顶层：[Ctrl ＋ Shift ＋]]；

置于底层：[Ctrl ＋ Shift ＋ []。

合并图层：[Ctrl ＋ E]，当前层和下层合并或者把选中的都合并。

合并可见图层：[Ctrl ＋ Shift ＋ E] 或 [图层→合并可见图层]，隐藏的图层不被合并。

拼合图像：[图层→拼合图像]，强制性合并图层，隐藏的会被扔掉。

盖印图层：[Ctrl ＋ Alt ＋ Shift ＋ E]，把所有打开的图层复制一份并且合并到一个新图层上。

在当前层下方新建图层：按住 [Ctrl] 键单击新建图层按钮。

将背景图层变为普通图层：在背景层双击可以变为普通层。

新建图层组：可以新建组、复制组、取消编组，调整组的顺序与图层顺序相同。按 [Ctrl ＋ G] 进行图层编组。

拷贝图层：[编辑→拷贝] 或 [Ctrl ＋ C] 用于复制当前图层。

粘贴：按 [Ctrl ＋ V] 以新图层的方式粘贴。
原位粘贴：[Ctrl ＋ Shift ＋ V] 将复制的图像粘贴在原位。
贴入：[Ctrl ＋ Alt ＋ Shift ＋ V]：将复制的图像贴入到选区内部。
外部粘贴：将复制的图像贴入到选区外部，相当于反向粘贴。
合并拷贝：[编辑→合并拷贝] 或 [Ctrl ＋ Shift ＋ C]，复制所有图层。
选择多个相邻的图层：[Shift ＋单击图层名称栏]。
选择多个不相邻的图层：[Ctrl ＋单击图层名称栏]。

第二节　图层样式与图层混合模式

一、图层样式

图层样式是应用于一个图层或图层组的一种或多种效果。应用图层样式十分简单，可以为包括普通图层、文本图层和形状图层在内的任何种类的图层应用图层样式。

二、应用的图层样式

图层面板上的 [fx] 按钮用来管理样式功能。单击 [fx] 按钮可以显示“图层样式”面板，如图 1–4–5 所示。

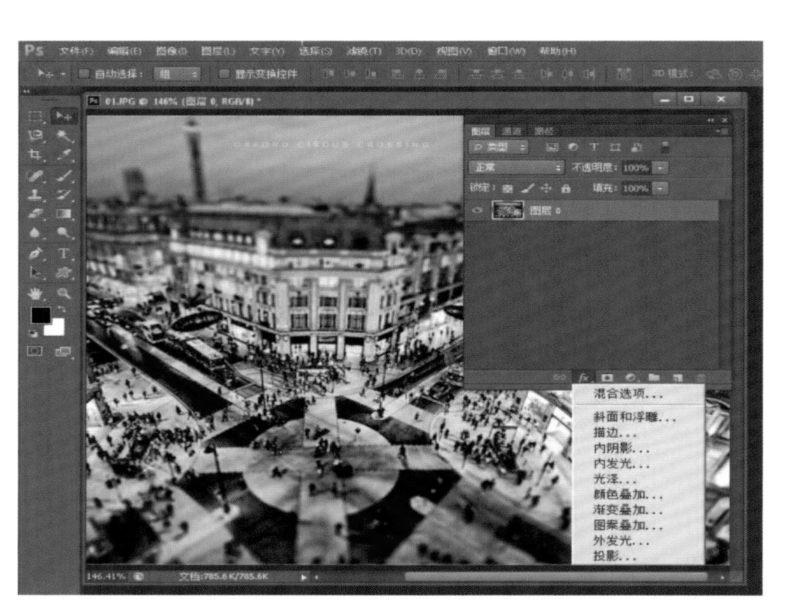

图 1–4–5　显示图层样式面板

注：将某一个新样式应用到一个已应用了样式的图层中时，新样式中的效果将替代原有样式中的效果。而如果按下 [Shift] 键将新模式拖动至已应用了样式的图层中，则可将新样式中的效果加到图层中，并保留原有样式的效果。

应用的图层效果与图层紧密结合，即如果移动或变换图层对象文本或形状，图层效果就会自动随着图层对象文本或形状移动或变换。

三、添加图层效果的使用方法

单击图层面板上的 [图层样式] 命令，如图 1-4-6 所示。

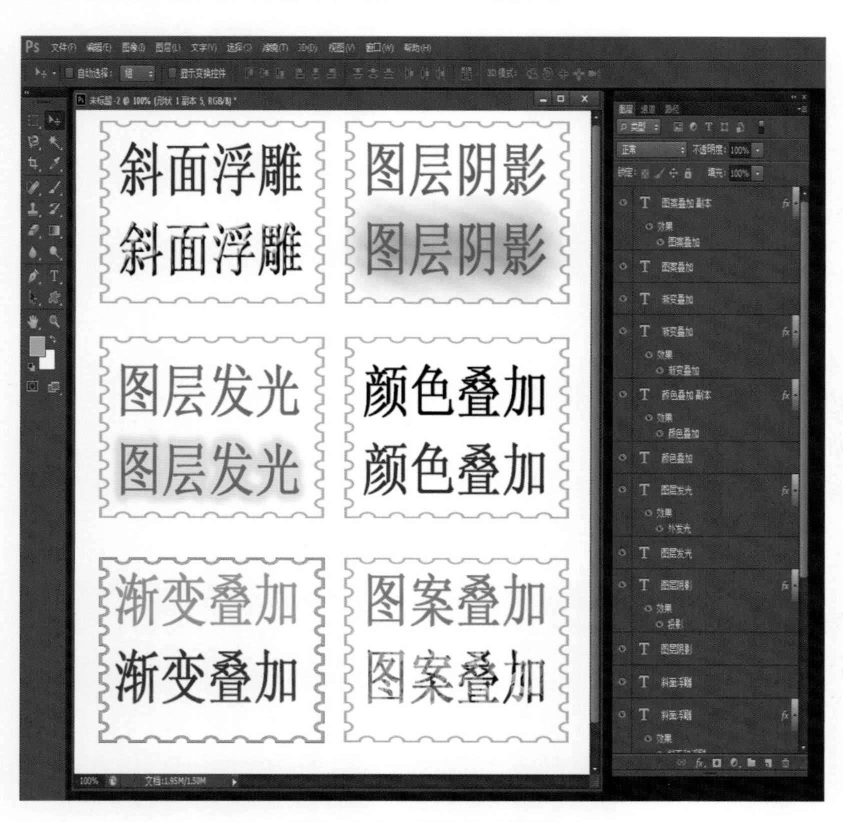

图 1-4-6　图层样式面板

1. 制作斜面和浮雕效果

该效果用来制作立体感的文字。

外斜面：可以在图层内容外部边缘产生一种斜面的光线照明效果。

内斜面：可以在图层内容内部边缘产生一种斜面的光线照明效果。

浮雕效果：创建图层内容相对它下面的图层凸出的效果。

枕状浮雕：创建图层内容的边缘陷进下面图层的效果。

描边浮雕：创建边缘浮雕效果。

2. 阴影效果

在 PHOTOSHOP 中提供了两种阴影效果，分别为投影和内阴影。
混合模式：选定投影的色彩混合模式。
不透明度：设置阴影的不透明度，值越大，阴影颜色越深。
角度：用于设置光线照明角度，即阴影的方向会随角度的变化而发生变化。
使用全角：可以为同一图像中的所有图层效果设置相同的光线照明角度。
距离：设置阴影的距离，变化范围为 0 ～ 30 000，值越大，距离越远。
扩展：设置光线的强度，变化范围为 0% ～ 100%，值越大，投影效果越强烈。
柔化程度：设置阴影柔化效果，变化范围为 0 ～ 250，值越大，柔化程度越大。
质量：在此选项中，可通过设置轮廓和杂点选项来改变阴影效果。
图层挖空投影：控制投影在半透明图层中的可视性闭合。

3. 制作发光效果

发光的两种类型：图层效果中的包括“外发光”和“内发光”。

4. 其他图层效果

颜色叠加：可以在图层内容上填充一种纯色。
渐变色覆盖：可以在图层内容上填充一种渐变颜色。
图案叠加：可以在图层内容上填充一种图案。
描边：会在图层内容边缘产生一种描边的效果。

5. 编辑图层效果

复制图层效果的方法：在图层面板的图层效果图标上右击，在打开的快捷菜单中单击 [复制] 命令；或者先选中作用图层，然后单击 [图层→图层样式→复制图层样式]。

粘贴图层效果的方法：单击 [图层→图层样式→粘贴图层样式]，或在该图层快捷菜单中单击 [粘贴图层样式] 即可。

四、混合图层

混合图层操作菜单如图 1-4-7 所示，各项含义如下：

正常：PS 默认模式，新绘制的颜色会覆盖原有的底色，当色彩是半透明时才会透出底部的颜色。

溶解：结果颜色将随机地取代具有底色或混合颜色的像素，取代程度取决于像素位置的不透明度。

变暗：查看每个通道中的颜色信息，并选择基色或混合色中较暗的颜色作为结果色。将替换比混合色亮的像素，而比混合色暗的像素保持不变。

图 1–4–7　混合图层

正片叠底：查看每个通道中的颜色信息，并将基色与混合色进行（相乘）正片叠底，用于完全融合两个图像。可查看每个通道中的颜色信息，并将底色与混合颜色相乘，结果颜色总是较暗的颜色。任何颜色与黑色正片叠底产生黑色，任何颜色与白色正片叠底保持不变。当用户用黑色或白色以外的颜色绘画时，绘画工具绘制的连续描边产生逐渐变暗的颜色。这与使用多个标记笔在图像上绘图的效果相似。

公式：基色 × 混合色 ÷255 =结果色。

例如，基色为 R：249、G：117、B：3，混合色为 R：51、G：184、B：238，则正片叠底后的 R：249×51/255 = 50（四舍五入）、G：117×184/255 = 84、B：3×238/255 = 3

颜色加深：查看每个通道中的颜色信息，并通过增加二者之间的对比度使基色变暗以反映出混合色。与白色混合后不产生变化。

公式：（基色 + 混合色 – 255）×255÷ 混合色 = 结果色。

线性加深：查看每个通道中的颜色信息，并通过减小亮度使基色变暗以反映混合色。与白色混合后不产生变化。

公式：基色 + 混合色 – 255 =结果色。

深色：比较混合色和基色的所有通道值的总和并显示值较小的颜色。“深色”不会生成第三种颜色（可通过“变暗”得到），因为它将从基色和混合色中选取最小的通道值来创建结果色。

变亮：查看每个通道中的颜色信息，并选择基色或混合色中较亮的颜色作为结果色。比混合色暗的像素被替换，比混合色亮的像素保持不变。

滤色：查看每个通道的颜色信息，并将混合色的互补色与基色进行正片叠底。结果色总是较亮的颜色，用黑色过滤时颜色保持不变，用白色过滤将产生白色。此效果类似于多个摄影幻灯片在彼此之上投影。

公式：255 －［（255 －混合色）×（255 －基色）］÷ 255 ＝结果色。

颜色减淡：查看每个通道中的颜色信息，并通过减小二者之间的对比度使基色变亮以反映出混合色。与黑色混合则不发生变化。

公式：基色＋［（混合色 × 基色）÷（255 －混合色）］＝结果色。

线性减淡（添加）：查看每个通道中的颜色信息，并通过增加亮度使基色变亮以反映混合色。与黑色混合则不发生变化。

公式：基色＋混合色＝结果色。

浅色：比较混合色和基色的所有通道值的总和并显示值较大的颜色。“浅色”不会生成第三种颜色（可以通过“变亮”混合获得），因为它将从基色和混合色中选取最大的通道值来创建结果色。

叠加：对基色进行正片叠底（基色小于 128）或滤色（基色大于 128）。图案或颜色在现有像素上叠加，同时保留基色的明暗对比。不替换基色，但基色与混合色相混以反映原色的亮度或暗度。

柔光：使颜色变暗或变亮，具体取决于混合色。此效果与发散的聚光灯照在图像上相似。如果混合色（光源）比 50% 灰色亮，则图像变亮，就像被减淡了一样；如果混合色（光源）比 50% 灰色暗，则图像变暗，就像被加深了一样。使用纯黑色或纯白色上色，可以产生明显变暗或变亮的区域，但不能生成纯黑色或纯白色。

强光：对颜色进行正片叠底或过滤，具体取决于混合色。此效果与耀眼的聚光灯照在图像上相似。如果混合色（光源）比 50% 灰色亮，则图像变亮，就像过滤后的效果。这对于向图像添加高光非常有用；如果混合色（光源）比 50% 灰色暗，则图像变暗，就像正片叠底后的效果，这对于向图像添加阴影非常有用。用纯黑色或纯白色上色会产生纯黑色或纯白色。

亮光：通过增加或减小对比度来加深或减淡颜色，具体取决于混合色。如果混合色（光源）比 50% 灰色亮，则通过减小对比度使图像变亮；如果混合色比 50% 灰色暗，则通过增加对比度使图像变暗。

线性光：通过减小或增加亮度来加深或减淡颜色，具体取决于混合色。如果混合色（光源）比 50% 灰色亮，则通过增加亮度使图像变亮；如果混合色比 50% 灰色暗，则通过减小亮度使图像变暗。

点光：根据混合色替换颜色。如果混合色（光源）比 50% 灰色亮，则替换比混合色暗的像素，而不改变比混合色亮的像素；如果混合色比 50% 灰色暗，则替换比混合色亮的像素，而比混合色暗的像素保持不变。这对于向图像添加特殊效果非常有用。

实色混合：将混合颜色的红色、绿色和蓝色通道值添加到基色的 RGB 值。如果通道的结果总和大于或等于 255，则值为 255；如果小于 255，则值为 0。因此，所有混合像素的红色、绿色和蓝色通道值要么是 0，要么是 255。此模式会将所有像素更改为主要的加色（红色、绿色或蓝色）、白色或黑色。

注：对于 CMYK 图像，“实色混合”会将所有像素更改为主要的减色（青色、黄色或洋红色）、白色或黑色。最大颜色值为 100。

差值：查看每个通道中的颜色信息，并从基色中减去混合色，或从混合色中减去基色，具体取决于哪一个颜色的亮度值更大。与白色混合将反转基色值，与黑色混合则不产生变化。

排除：创建一种与“差值”模式相似但对比度更低的效果。与白色混合将反转基色值，与黑色混合则不发生变化。

减去：查看每个通道中的颜色信息，并从基色中减去混合色，如果结果是负值，会出现黑色，混合色是白色，结果色就是黑色（任何色阶值减去 255 都不会等于除了正数），所以混合色越亮，结果色就越暗，混合色越暗，结果色变暗程度会降低，和划分模式正好相反。

划分：查看每个通道中的颜色信息，并从基色中分割混合色。

计算公式是：基色 ÷ 混合色 ×255。与减去相反，中性色是白色，而减去模式的中性色是黑色。

色相：用基色的明亮度和饱和度以及混合色的色相创建结果色。

饱和度：用基色的明亮度和色相以及混合色的饱和度创建结果色。在无（0）饱和度（灰度）区域上用此模式绘画不会产生任何变化。

颜色：用基色的明亮度以及混合色的色相和饱和度创建结果色。这样可以保留图像中的灰阶，并且对于给单色图像上色和给彩色图像着色都会非常有用。

明度：用基色的色相和饱和度以及混合色的明亮度创建结果色。此模式创建具有与“颜色”模式相反的效果。

绘图工具

第一节　画笔工具

PS 中的绘图工具包括画笔、铅笔、历史记录画笔、艺术历史记录画笔、橡皮图章、图案图章、橡皮擦、背景橡皮擦、魔术橡皮擦、模糊、锐化、涂抹、加深、减淡和海绵等工具。

画笔工具：可以绘制出比较柔和的线条。在画笔工具属性栏中可以设置不透明度、色彩混合模式和浓度选项，如图 1-5-1 所示。

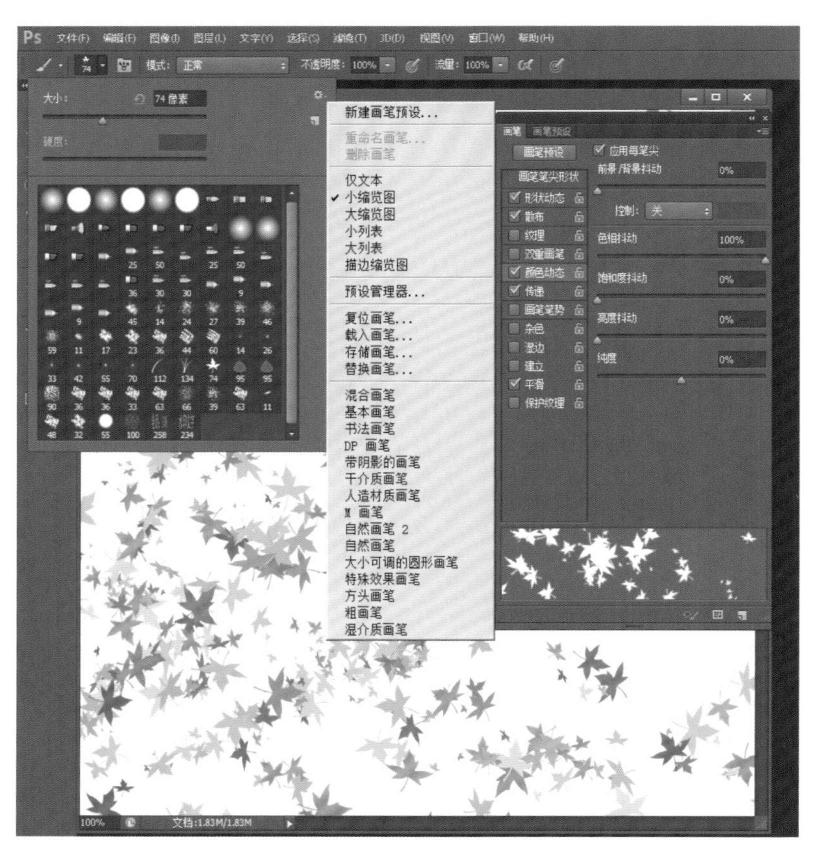

图 1-5-1　画笔工具

一、相关快捷键：

增大笔头：]；
缩小笔头：[；
增加硬度：Shift +]；
减小硬度：Shift + [。

二、铅笔工具

可以绘制出比较硬的线条。在铅笔工具属性栏中可以设置不透明度和色彩混合模式选项。除此之外，在铅笔工具属性栏中还有 Auto Erase（自动擦除）复选框。作用是选中后，铅笔工具即实现擦除功能，也就是说，在与前景色颜色相同的图像区域中绘图时，会自动擦除前景色而填入背景色。

在使用画笔、历史记录画笔等绘图工具时，用户都必须在画笔工具属性栏中选定画笔的笔头，才可绘制图形。

三、画笔笔头的种类：

选择画笔工具，此时属性栏将变为画笔工具的参数设置，其中 Brush（画笔）下拉列面板中即可选择不同大小的画笔。有 3 种不同类型的画笔笔头：

① 硬边笔头：绘制的线条不具有柔和的边缘；② 软边笔头；③ 不规则形状笔头。（铅笔工具只有硬边笔头）

四、更改画笔的设置

画笔的默认直径、间距及硬度等都不一定符合绘画的需求，所以绘图时需要对画笔进行设置。
替换画笔：可以在安装新画笔的同时，替换 Brushes 面板中原有的画笔。
复位画笔：用于重新设置 Brushes 面板中的画笔。
重命名画笔：可以对当前所选画笔重新命名。
仅显示文本：在 Brushes 面板中只显示画笔名称。
小缩略图：在 Brushes 面板中显示小图标，基本上图标的形状就是画笔形状。
大缩略图：在 Brushes 面板中显示大图标。

五、画笔面板属性设置

画笔面板：除了调整画笔的直径和硬度的设定外，PHOTOSHOP 针对笔刷还提供了非常详细的设定，使笔刷变得丰富多彩，可通过快捷键 [F5] 打开面板，如图 1–5–2 所示。

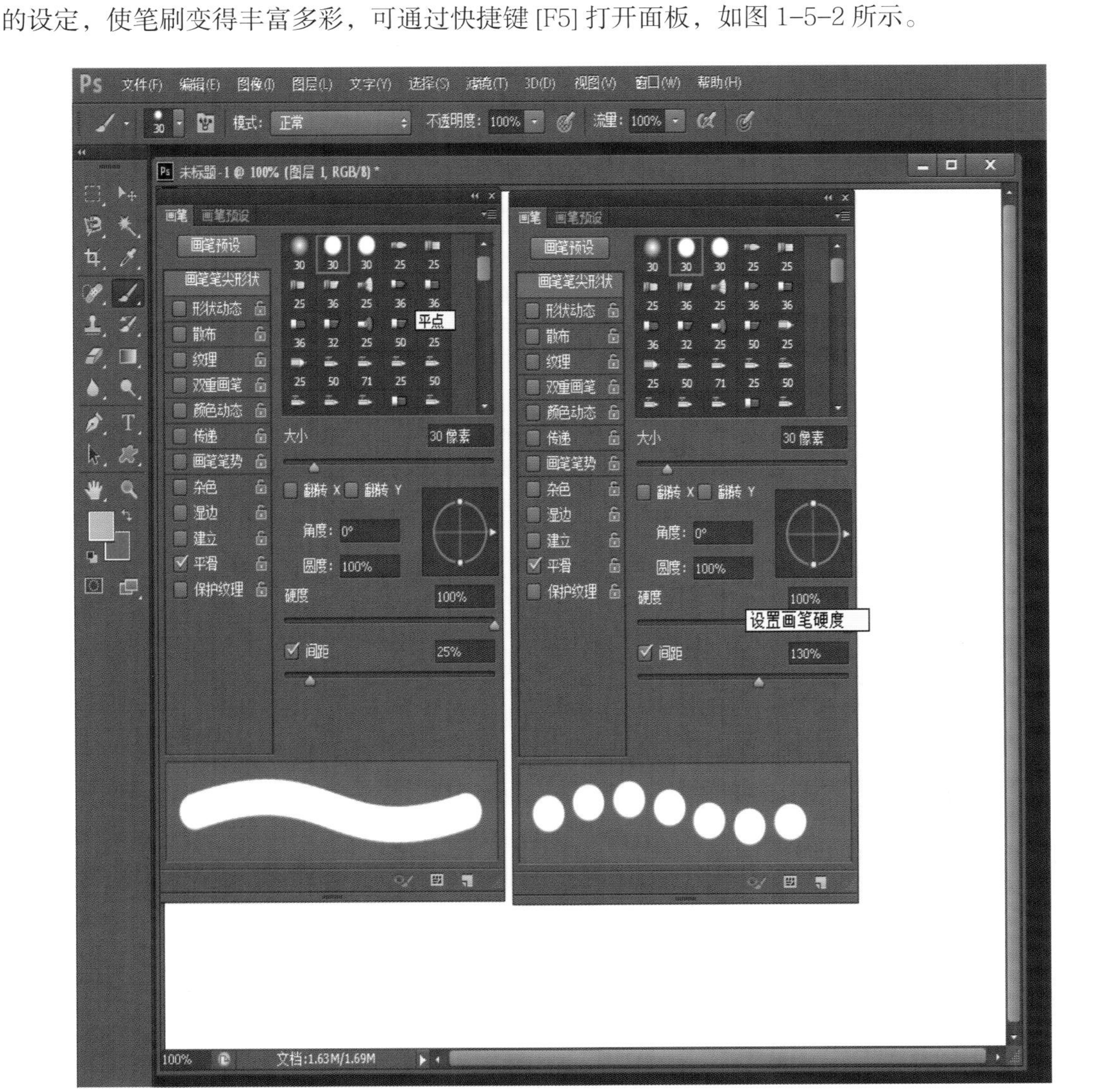

图 1–5–2　画笔面板

画笔面板的作用：画笔面板与画笔工具并没有依存关系，用于设置笔刷的详细参数。其实应该命名为笔刷调板更为合适。

为了满足绘图的需要，用户可以建立新画笔进行图形绘制。

方法一：① 单击打开 [画笔] 面板；② 单击其右上角的“小三角按钮”打开 [画笔面板菜单]；③ 执行其中的 [新画笔] 命令；④ 在弹出的快捷菜单中选择 [新画笔] 命令，在此命令中进行设置即可。

方法二：设置好需要定义画笔的内容，单击 [编辑] 菜单，选择 [定义画笔预设] 即可自定义画笔。

注：定义特殊画笔时，只能定义画笔形状，而不能定义画笔颜色，因为用画笔绘图时颜色都是由前景色来决定的。

第二节　颜色替换工具与混合器画笔

一、颜色替换工具

颜色替换工具用于快速替换掉图片中某个地方的颜色，如图 1-5-3 所示。

图 1—5—3　颜色替换工具

1. 工作原理

是用前景色替换图像中指定的颜色，因此使用时需选择好前景色。

2. 使用方法

选择好前景色后，在图像中需要更改颜色的地方涂抹，即可将其替换为前景色，不同的绘图模式会产生不同的替换效果，常用的模式为“颜色”。

3. 工具属性

（1）“取样”选项：
“连续”：在拖移时对颜色连续取样。
“一次”：以第一次点按的颜色为目标颜色，进行颜色替换。
“背景色板”：以当前背景色为目标颜色，进行颜色替换。
（2）“限制”选项：
“不连续”：替换出现在指针下任何位置的样本颜色。

“邻近”：替换与紧挨在指针下的颜色邻近的颜色。

“查找边缘”：替换包含样本颜色的相连区域。

（3）“容差”选项

值范围为 1% ~ 100%（或者拖移滑块）。选取较低的百分比可以替换与所选取点像素非常相似的颜色，而增加该百分比可替换范围更广的颜色。

二、混合器画笔工具

可以模拟真实的绘画技术，如混合画布上的颜色、组合画笔上的颜色以及在描边过程中使用不同的绘画湿度。

第三节　历史记录画笔与历史记录艺术画笔

历史记录画笔可以拷贝画笔画过的区域为新的图层，如图 1-5-4 所示。历史记录艺术画笔：使画笔画过的区域产生颜色融合的效果，如图 1-5-5 所示。

图 1-5-4　历史记录画笔

图 1—5—5　历史记录艺术画笔

第六章 渐变与油漆桶工具

渐变与油漆桶工具如图 1-6-1 所示。

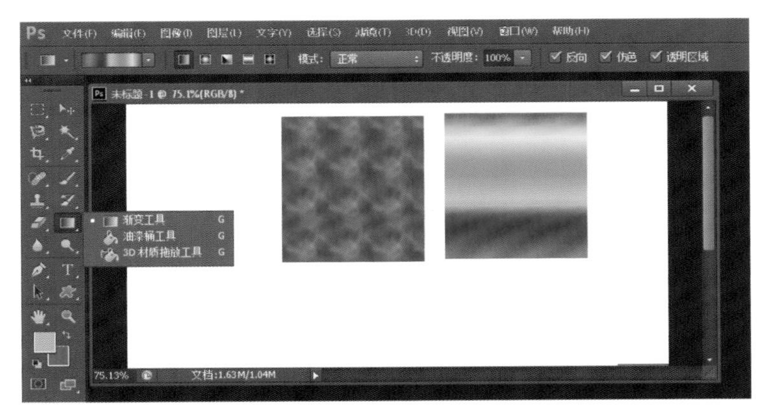

图 1—6—1　渐变与油漆桶工具

一、渐变工具

渐变工具可以创建多种颜色间的逐渐混合，多种颜色过渡的混合色。

渐变工具的属性如下：

渐变下拉列表框：显示渐变的颜色预览效果，单击右侧的小三角，可打开渐变面板。

渐变工具的 5 种渐变方式：线性渐变、径向渐变、角度渐变、对称渐变、菱形渐变。

反向：选中后，填充后的渐变颜色与设置的渐变颜色相反。

色彩混合模式：可选择渐变的色彩混合模式。

不透明度：可设置渐变的不透明度。

仿色：选中后，可以用递色法来表现中间色调，使渐变效果更加平顺。

透明度：选中后，将打开透明蒙版功能，使渐变填充时可以应用透明设置。

二、油漆桶工具

油漆桶工具可以为整个选区或图像填充颜色。图像填充时，只填充图像中颜色相近的区域。

修复工具

一、修复工具的类型

修复工具如图 1–7–1 所示。

图 1–7–1　修复工具

图章工具：分为两类，仿制图章工具和图案图章工具。

其他修复工具：污点修复画笔、修复画笔工具、修补工具、内容感知移动工具、红眼工具。

二、修复工具的作用

仿制图章工具：能够将一幅图像的全部或部分复制到同一幅图或其他图像中。

注：使用图章工具时，可以选用不同大小的画笔。此外，将一幅图像中的内容复制到其他图像时，这两幅图像的颜色模式必须是相同的。

缺点：仿制图章工具修复的图像无法与底色融合。

图案图章工具：图案图章工具可以将定义的图案内容复制到同一幅图像或其他图像中，如图1-7-2所示。

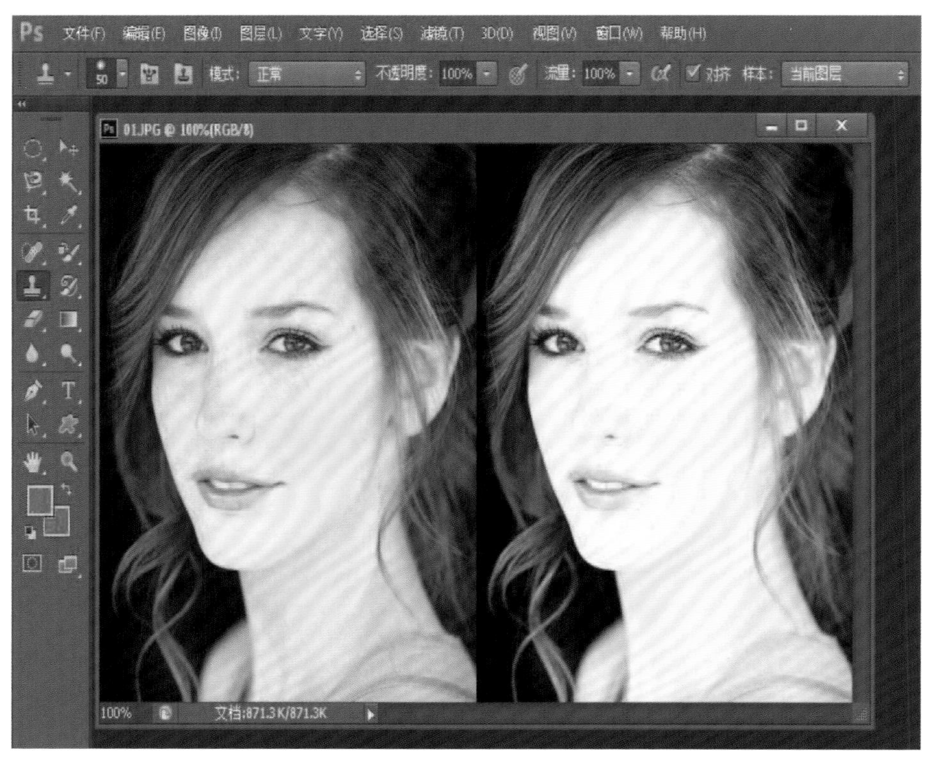

图 1-7-2　图案图章工具效果

污点修复画笔工具：可以快速移去照片中的污点和其他不理想部分。

修复画笔工具：可将一幅图案的全部或部分连续复制到同一副图像或其他图像中，且与图像底色产生互补色。

注：使用修复画笔工具进行复制时，在取样的图像上会出现一个十字线标记，为当前正应用取样的原图的部分。

修补工具：功能和使用方法与修复画笔工具类似，可以消除选区内的杂纹并模糊图像，使接缝拼接得更好，且一次性修复的范围较大。

内容感知移动工具：可以将图像场景中的某个物体移动到图像中的任何位置，完成极其真实的PS合成效果。

红眼工具：能够很好地消除拍照产生的红眼。

三、橡皮擦工具

橡皮擦分为三种类型：普通橡皮擦、背景橡皮擦、魔术橡皮擦，如图 1-7-3 所示。

图 1-7-3 橡皮擦工具

（1）橡皮擦工具：用于擦除图像中的颜色，擦除颜色后被擦除的区域自动填充背景色；如果擦除的内容是透明图层，擦除后会变为透明。

（2）背景橡皮擦工具：用来擦除图像中的颜色，擦除颜色后被擦除的区域变为透明色。如果所擦除的图层是背景层，擦除后，会自动将背景层变为不透明的层。

连续：可以对被擦除的图像进行连续颜色取样。

一次：根据容差范围擦除光标单击的第一种颜色（过程中一直按鼠标左键擦除）。

背景色板：只擦除和背景色相近的颜色。

（3）魔术橡皮擦工具：用来擦除有一定容差度内的相邻颜色，擦除颜色后被擦除的区域变为透明色。在魔术橡皮擦工具的属性栏中可以设置容差、消除锯齿、相邻、用于所有图层和不透明度等选项。

通道和蒙版的应用

第一节　通道的应用

通道的功能：① 能存储选区；② 能保存颜色数据；③ 能用滤镜进行修改和编辑等。

一、通道的基本功能

通道的最主要的功能是保存图像的颜色数据。通道除了能够保存颜色数据外，还可以用来保存蒙版，即将一个选区范围保存后，就会成为一个蒙版保存在一个新增的通道中。

二、通道面板组成

单击 Window/Channels（显示通道），打开通道面板。通过该面板，可以完成所有的通道操作，该面板的组成有：

通道名称：每一个通道都有一个不同的名称以便区分。

通道预览缩略图：在通道名称的左侧有一个预览缩略图，其中显示该通道中的内容。

眼睛图标：用于显示或隐藏当前通道，切换时只需单击该图标即可。

通道组合键：通道名称右侧的 [Ctrl + ~]、[Ctrl + 1] 等为通道组合键，这些组合键可快速、准确地选中所指定的通道。

作用通道：也称为活动通道，选中某一通道后，则以蓝色显示这一条通道，因此称这一条通道为作用通道。

将通道作为选区范围载入：将当前通道中的内容转换为选区，或将某一通道拖动至该按钮上来安装区范围。

将选区范围存储通道：将当前图像中的选区范围转变成一个蒙版保存到一个新增的 Alpha 通道中。

创建新通道：可以快速建立一个新通道。

删除当前通道：可以删除当前作用通道，或者用鼠标拖动通道到该按钮上也可以删除。

通道面板菜单：其中包含所有用于通道操作的命令，如新建、复制和删除通道等。

第二节　蒙版的应用

一、蒙版的类型及定义

蒙版与选区范围的功能是相同的，两者之间可以互相转换，但本质上有所区别。选区范围是一个透明无色的虚框，在图像中只能看出它的虚框形状，但不能看出经过羽化边缘后的选区范围效果。而蒙版则是以一个实实在在的形状出现在 Channels 面板中，可以对它进行修改和编辑，然后转换为选区范围应用到图像中。

蒙版的类型有：图层蒙版、快速蒙版、矢量蒙版、剪贴蒙版、文字蒙版、新的填充或调整图层。蒙版用来保护遮盖的区域，让被遮盖的区域不受任何编辑操作的影响。

PHOTOSHOP 蒙版是将不同灰度色值转化为不同的透明度，并作用到它所在的图层，使图层不同部位透明度产生相应的变化。黑色为完全透明，白色为完全不透明。

PHOTOSHOP 蒙版的主作用：

（1）抠图。

（2）做图的边缘淡化效果。

（3）图层间的融合。

二、图层蒙版

只有黑白灰，没有彩色。黑色代表隐藏，白色表示显示，灰色表示半透明。图层蒙版如图 1-8-1 所示。

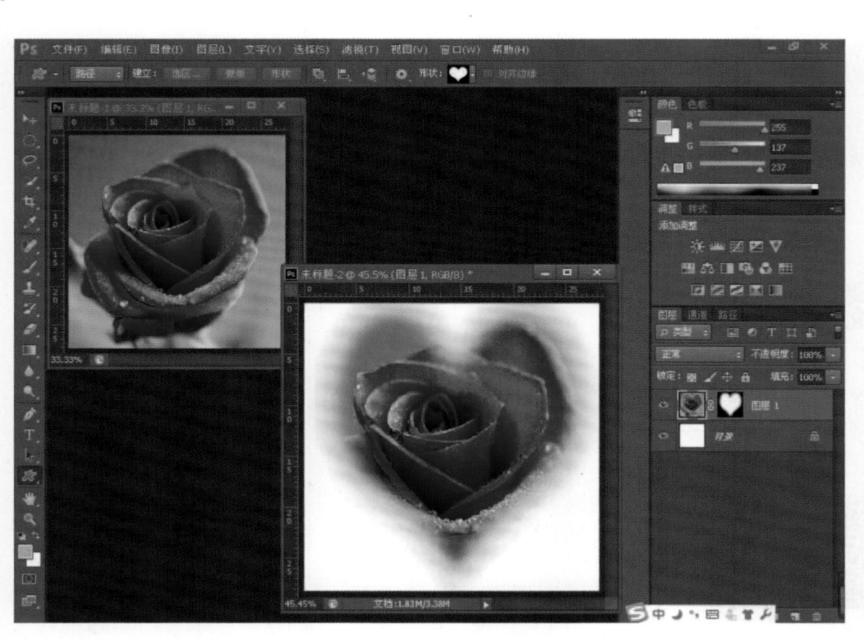

图 1—8—1　图层蒙版

三、快速蒙版

快速蒙版功能可以快速地将一个选区范围变成一个蒙版，然后对这个快速蒙版进行修改或编辑，以完成精确的选区范围，此后再转换为选区范围使用。

注：从快速蒙版模式切换到标准模式时，PHOTOSHOP 会将颜色灰度值大于 50% 的像素转换成被遮盖区域，而小于或等于 50% 的像素转换为选区范围。

快速蒙版通过 [Q] 键切换标准模式和快速蒙版模式，（工具箱左下角），画笔涂抹区域会形成选区，从而抠图。双击设置选项。

快速蒙版几个基本作用：① 抠图；② 保护图层局部不被整体滤镜影响，或不被其他操作影响；③ 应用于图层之间的合并效果。

四、矢量蒙版

矢量蒙版也叫作路径蒙版，是可以任意放大或缩小的蒙版，如图 1–8–2 所示。矢量蒙版可以保证原图不受损，并且可以随时用钢笔工具修改形状。形状无论拉大多少，都不会失真。

图 1–8–2　矢量蒙版

矢量蒙版的特点是：路径之内显示，路径外隐藏。功能同“剪贴蒙版”，区别为：矢量蒙版针对路径，剪贴蒙版针对的对象为路径、文字、像素，但是仅能用于当前图层。

添加矢量蒙版的方法：[图层→矢量蒙版→显示全部]，或通过快捷键创建 [Alt ＋ L ＋ V]

矢量蒙版中的反选：选中矢量蒙版后，用矩形工具沿着图片边缘画一个和图片一样大或略大一点的矩形路径，矢量蒙版中的路径选区就反过来了。

五、剪贴蒙版

剪贴蒙版作用是让上层与下层之间编组，下层区域控制上层内容的显示，效果如图 1–8–3 所示。

图 1–8–3　剪贴蒙版

建立剪贴蒙版的方法：① [单击图层→创建剪贴蒙版]；② 按 Alt 键在两层之间单击；③ 快捷键：[Ctrl ＋ Alt ＋ G]。

注意事项：需要显示的内容应放置在图层面板的最上方，下层可以是形状，文字，像素。

原理是：编组之后，上方图层，被放置在下方图层的下面。

六、新填充或调整层

新填充或调整图层可将颜色和色调调整应用于整个图像或某一部分，而不会永久更改像素值；新填充或调整层属于综合蒙版，如图 1-8-4 所示。

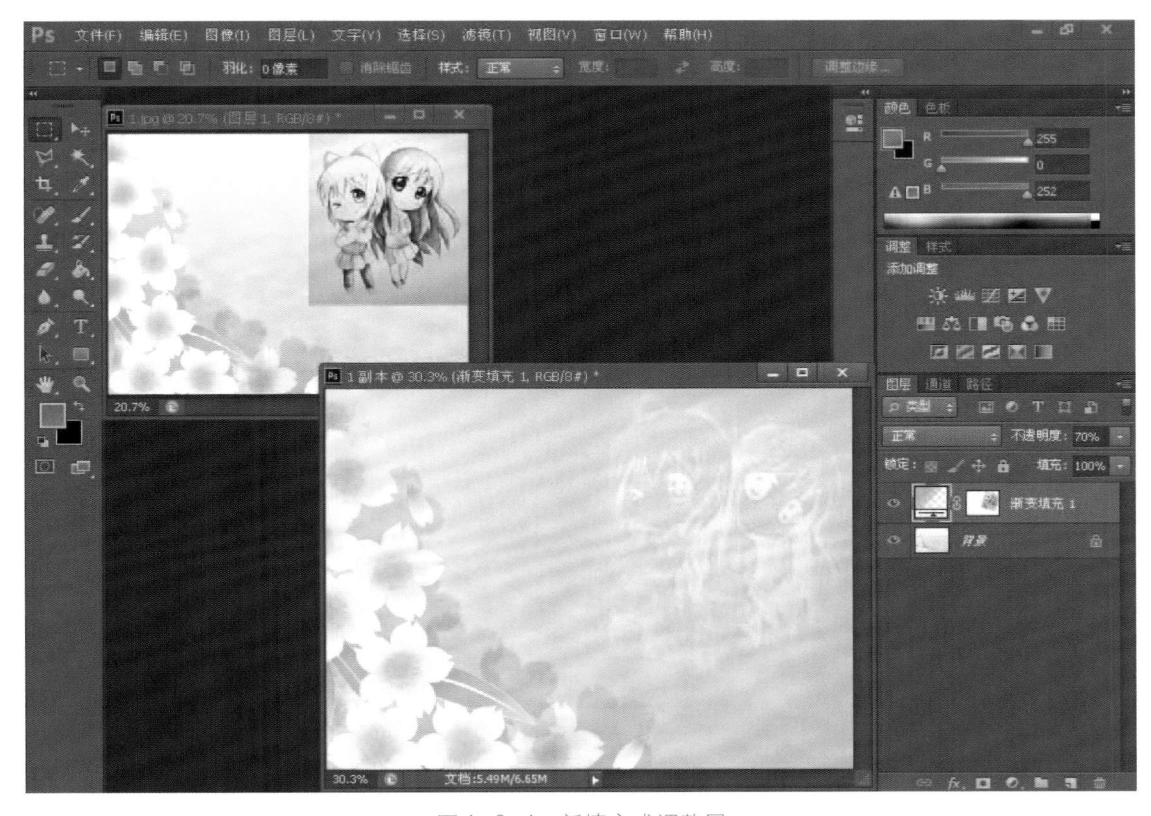

图 1-8-4　新填充或调整层

创建新填充或调整层的方法：点击图层面板下方的“创建新的填充或调整图层”。

单独查看图层蒙版的方式（激活图层蒙版）：[按住 Alt 键 + 单击蒙版缩略图]。

七、文字蒙版

文字蒙版创建后形成的是文字选区，不会占用图层，而是在当前层进行，称为文本选区，如图 1-8-5 所示。

创建文字蒙版的方法：使用文字工具中的“横版文字蒙版工具”或“直排文字蒙版工具”。

将文字蒙版转换为选区方法：① 输入完毕后，按回车键；② 按 [Ctrl + Enter] 键。

调整文字蒙版的位置：① 将鼠标放在文本的周围，当鼠标变为一个像移动工具的箭头时移动；② 形成文字选区后，切换到选区工具，使用方向键或鼠标移动。

文件(F) 编辑(E) 图像(I) 图层(L) 文字(Y) 选择(S) 滤镜(T) 视图(V) 窗口(W) 帮助(H)
150 点
锐利
1 副本 @ 66.7%(RGB/8#) *
文字蒙版
66.67%
文档:1.03M/3.26M
颜色 色板
221
1
36
调整 样式
添加调整
图层 通道 路径
正常
不透明度: 100%
锁定:
填充: 100%
图层 1
图层 2
背景

图 1–8–5　文字蒙版

创意案例篇

案例 1　露珠效果

案例要点：首先确定露珠范围，其次用高斯模糊及滤镜的球面化效果制作，最终效果如图 2-1-1 所示。

图 2-1-1　露珠效果

步骤 1

用 PS 打开图像后，创建新图层 1，然后用“椭圆选框工具”，在图层 1 上画出一个露珠大小的椭圆，如图 2-1-2 所示。

图 2-1-2　步骤 1 效果图

步骤 2

选择渐变工具，然后用“黑白渐变”填充选区，并将图层 1 混合模式选择为“柔光”，如图 2-1-3 所示。

图 2–1–3　步骤 2 效果图

步骤 3

新建图层 2，然后按 [Ctrl ＋ Delete] 用背景色（黑色）将选区填充，然后按 [Ctrl ＋ D] 取消选择后，用 [滤镜→模糊→高斯模糊]，将高斯模糊参数设置为 5，如图 2-1-4 所示。

图 2–1–4　步骤 3 效果图

步骤 4

将图层 2 移动到图层 1 下面，然后，将图层 1 选区载入，然后点击 [Delete] 把图层 2 选区里面内容删除，如图 2-1-5 所示。

图 2-1-5　步骤 4 效果图

步骤 5

选择背景图层，按 [Ctrl ＋ J] 把前景图层选区中内容，拷贝一份出来，如图 2-1-6 所示。

图 2-1-6　步骤 5 效果图

步骤 6

按 [Ctrl] 键，点击图层 1，将图层 1 选区载入图层 3 中，然后选择 [滤镜→扭曲→球面化]，将球面化参数设置为 90%，如图 2-1-7 所示。

图 2-1-7　步骤 6 效果图

步骤 7

新建图层 4，并将图层 4 移动到图层 1 上面，将图片放大，然后用椭圆选框工具，在露珠上选择一个细的椭圆选区；如图 2-1-8 所示。

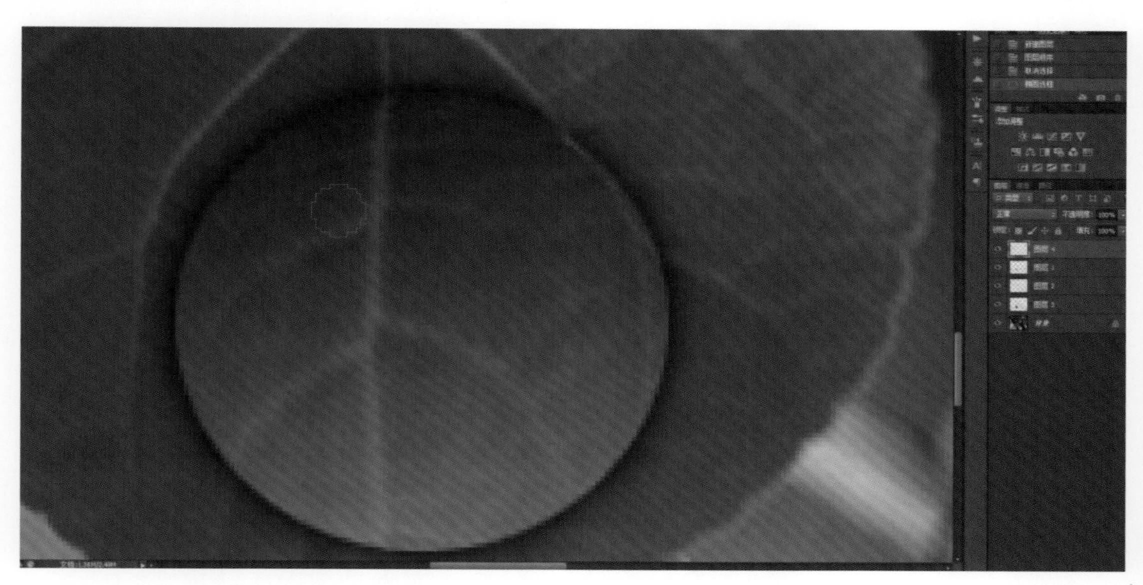

图 2-1-8　步骤 7 效果图

步骤 8

选择渐变工具，用 [白色到白色]、[80% 透明到透明] 的渐变来填充选区，如图 2-1-9 所示。

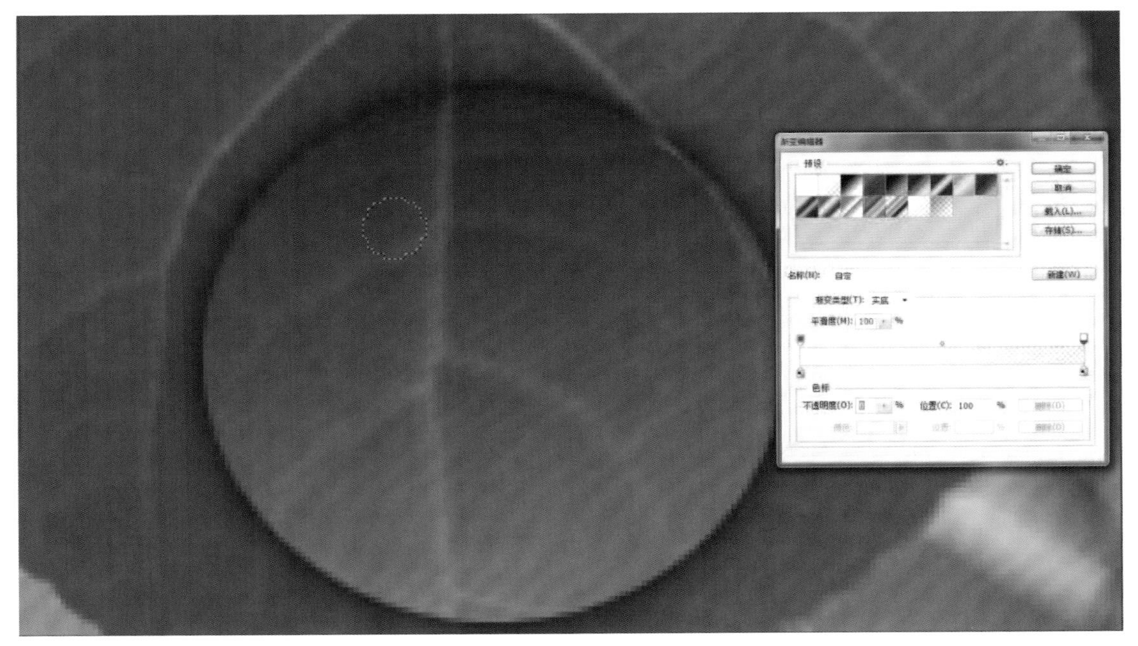

图 2-1-9　步骤 8 效果图

步骤 9

点击确定后，然后用此渐变颜色来填充选区，就能得到最终效果，如图 2-1-10 所示。

图 2-1-10　步骤 9 效果图

案例 2　证件照换底色

在不同的场合使用证件照所需背景颜色会不一样，常用的有红色、蓝色和白色。还在为证件照片背景更换而烦恼吗，只要跟着下面的步骤，就能实现更换证件照片底色。

步骤 1

先打开一张证件照，复制图层背景，如图 2-2-1 所示。

图 2-2-1　步骤 1 效果图

步骤 2

点击快速选择工具，图 2-2-2 所示。

步骤 3

按住鼠标在证件照背景上涂抹，这时出现了一个虚线框，尽量使虚线框框住人物轮廓，如图 2-2-3 所示。

图 2-2-2　步骤 2 效果图

图 2-2-3　步骤 3 效果图

步骤 4

人物框选完之后，点击上方菜单栏的 [选择→反选](Ctrl + Shift + I)，结果如图 2-2-4 所示。

步骤 5

这时，虚线框选中的才是人物，点击选择并遮住，如图 2-2-5 所示。

图 2-2-4　步骤 4 效果图

图 2-2-5　步骤 5 效果图

步骤 6

调整图边缘检测大小，智能半径大小，全局调整平滑、羽化、移动边缘值到合适位置。最后输出设置中勾选净化颜色，输出到新建带有图层蒙版的图层，如图 2-2-6 所示。

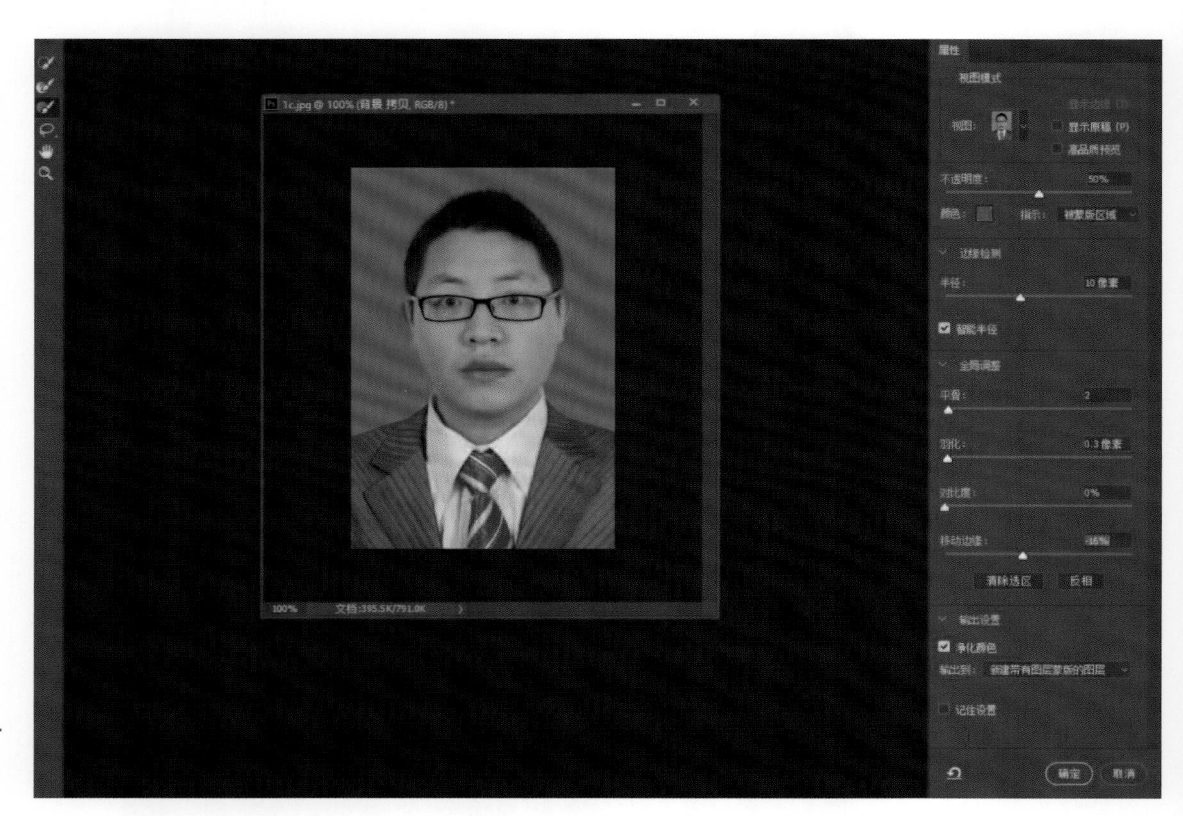

图 2-2-6　步骤 6 效果图

步骤 7

点击图层下方的新建图层按钮，新建一个图层，把新建的图层拖到复制出来发人物图层下方，如图 2-2-7 所示。

步骤 8

然后在画布上点一下，人物背景颜色被换成红色，如图 2-2-8 所示。

图 2-2-7　步骤 7 效果图

图 2-2-8　步骤 8 效果图

案例 3　简洁的新闻栏目网页设计效果

步骤 1

新建 Web 页设置，显示标尺，如图 2-3-1 所示。

图 2-3-1　步骤 1 效果图

步骤 2

绘制一个矩形框，如图 2-3-2 所示。

图 2-3-2　步骤 2 效果图

步骤 3

对矩形框进行参数设置，具体设置如图 2-3-3 所示。

图 2-3-3　步骤 3 效果图

步骤 4

给矩形框增加样式描边，设置如图 2-3-4 所示。

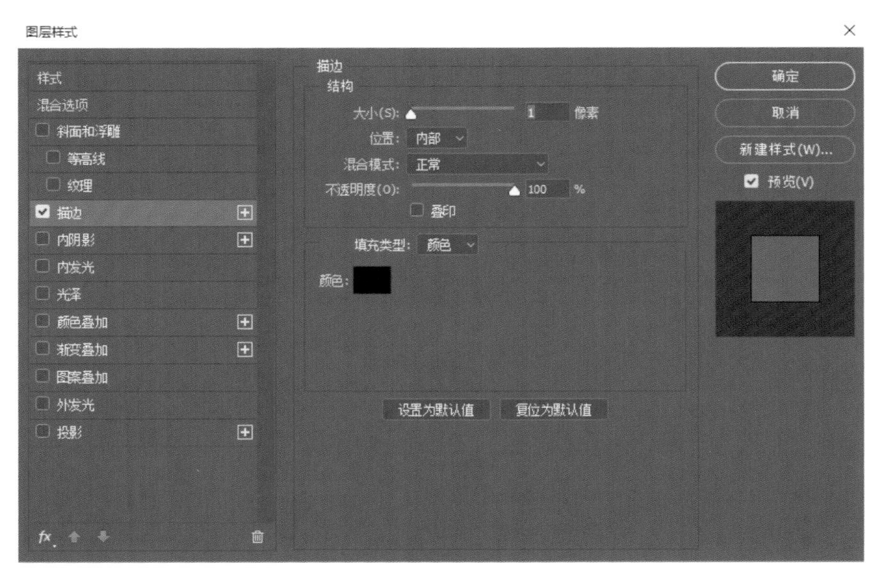

图 2-3-4　步骤 4 效果图

步骤 5

在矩形上再绘制一个长形矩形，用来承载栏目名，如图 2-3-5 所示。

图 2-3-5　步骤 5 效果图

步骤 6

给这个载体矩形增加样式，设置如图 2-3-6 所示。

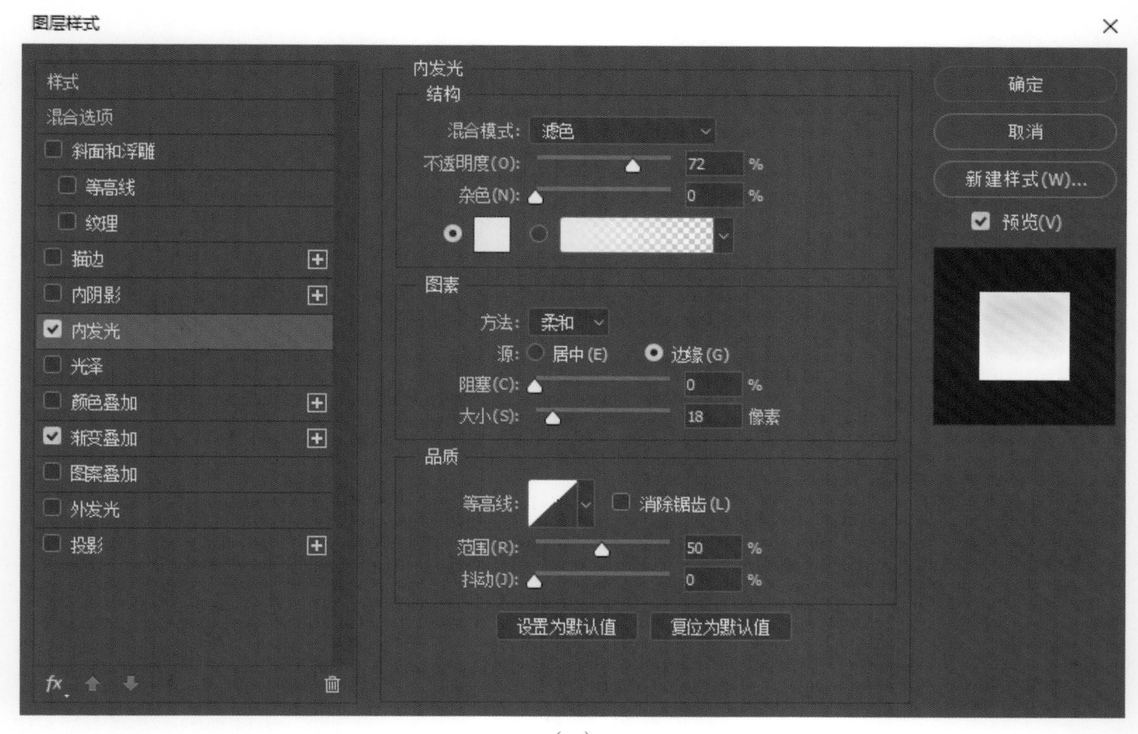

（a）

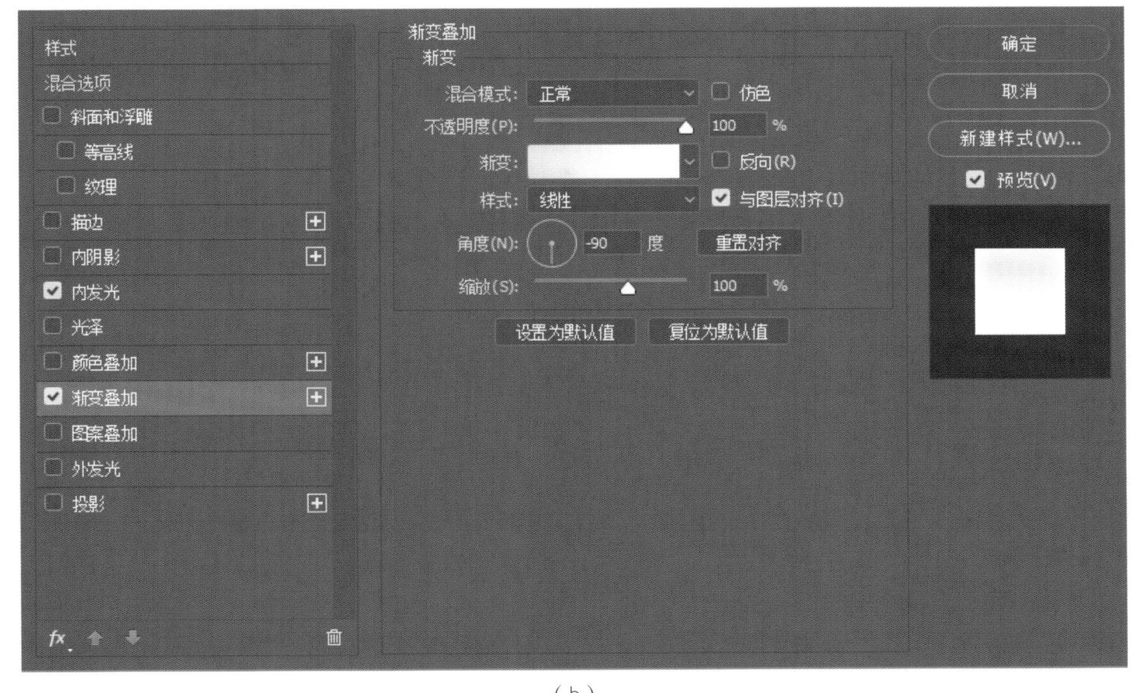

（b）

图 2–3–6　步骤 6 效果图

步骤 7

在栏目标题矩形框上写上所需名称及其他内容元素，如图 2-3-7 所示。

学院新闻　　+ more

图 2–3–7　步骤 7 效果图

步骤 8

再添加一个框架“圆角矩形”为图片展示区域，如图 2-3-8 所示。

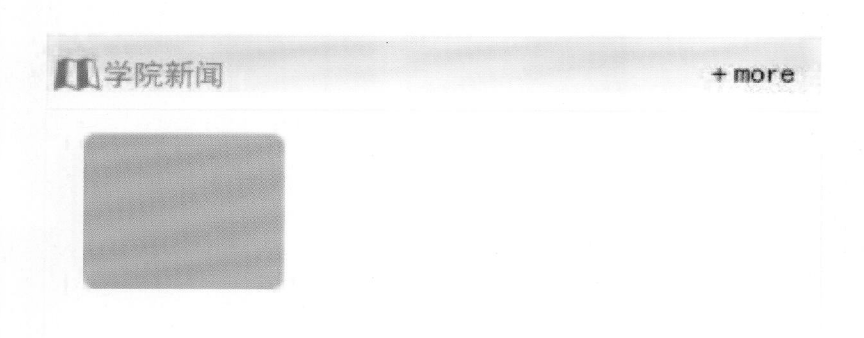

图 2-3-8　步骤 8 效果图

步骤 9

添加标题与摘要展示，如图 2-3-9 所示。

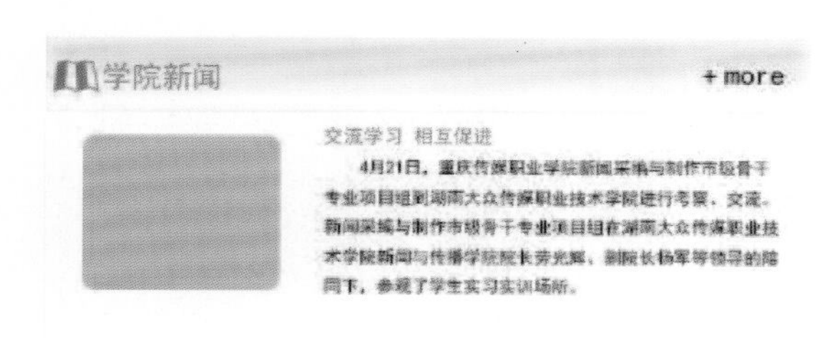

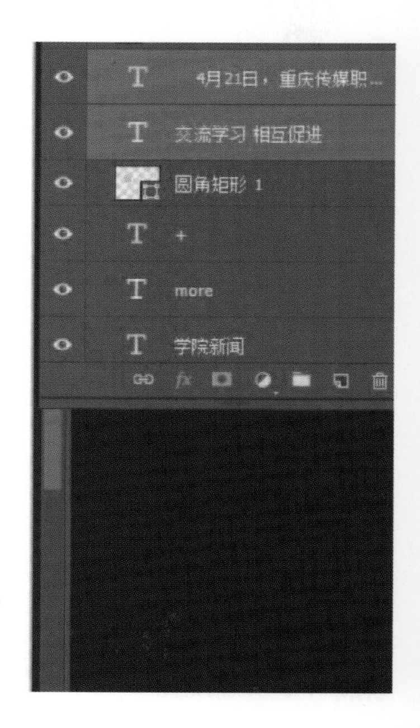

图 2-3-9　步骤 9 效果图

步骤 10

选择画笔工具，展开画笔工具栏，调整间距，具体设置如图 2-3-10 所示。

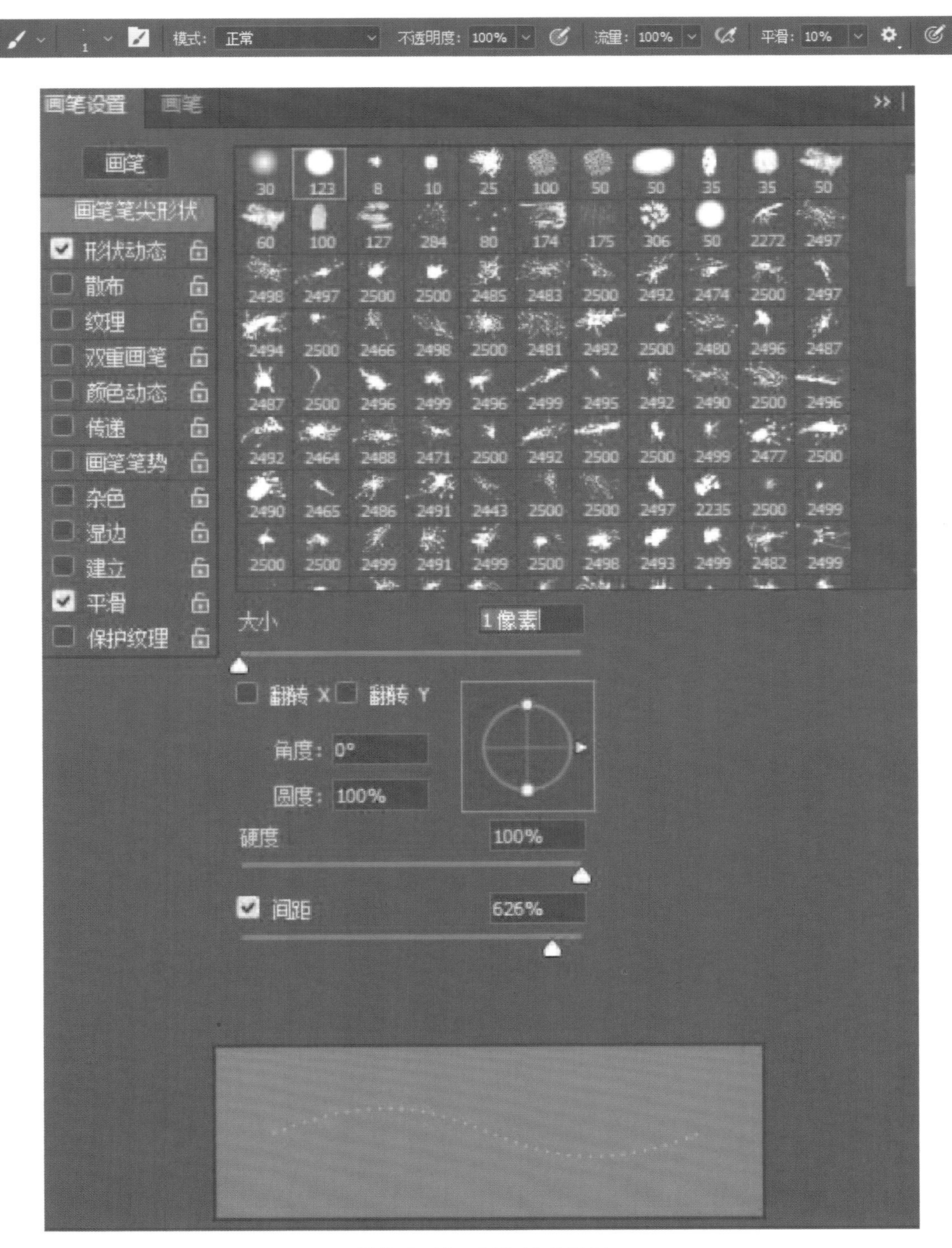

图 2-3-10　步骤 10 效果图

步骤 11

新建图层，按住 Shift 键在如下区域绘制一根点状线，如图 2-3-11 所示。

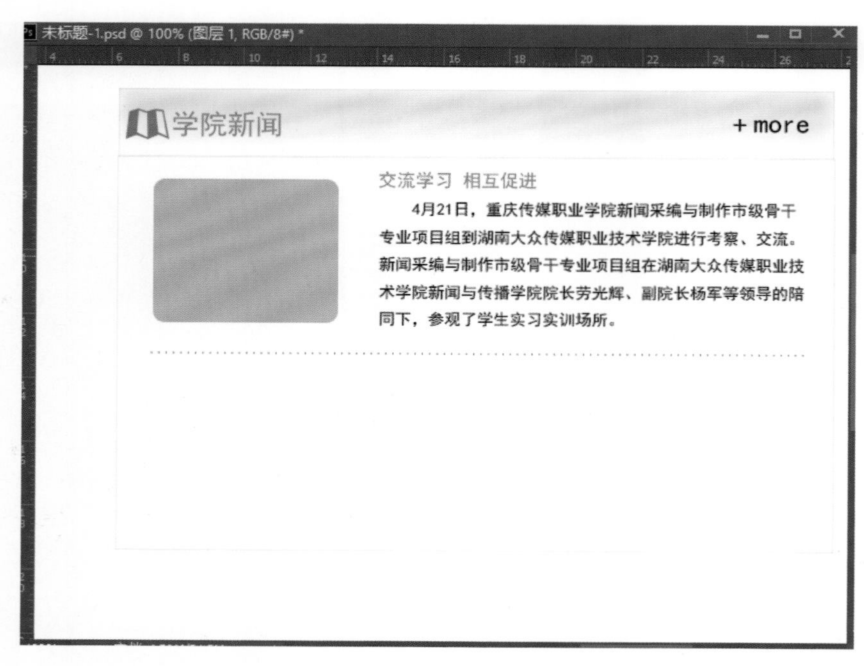

图 2-3-11 步骤 11 效果图

步骤 12

选择文本框工具绘制一个矩形文本框，并增加内容，如图 2-3-12 所示。

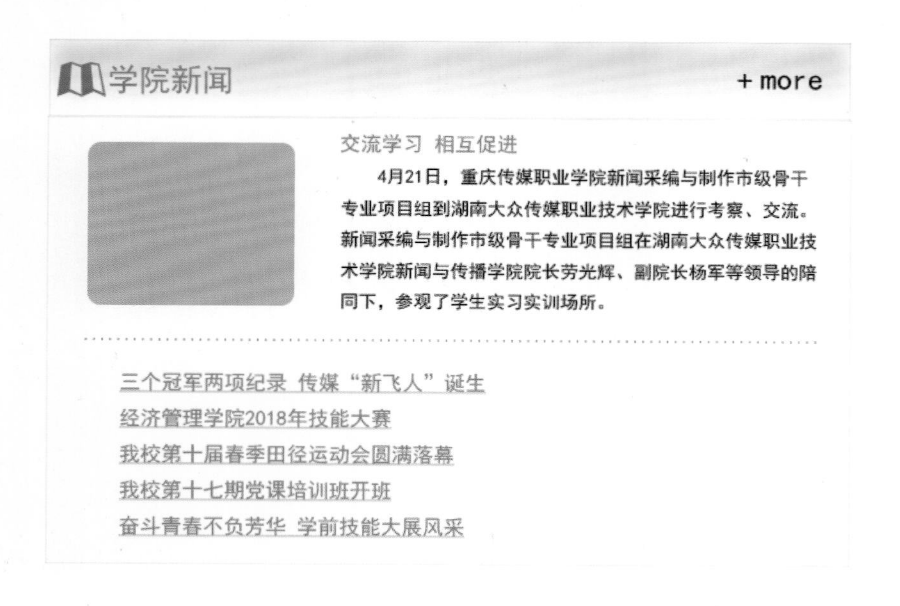

图 2-3-12 步骤 12 效果图

步骤 13

再新建图层，绘制文字前面的图标，如图 2-3-13 所示。

图 2-3-13　步骤 13 效果图

案例 4　滚动扫描文字

本案例是利用动画来制作动图，效果如图 2-4-1 所示。

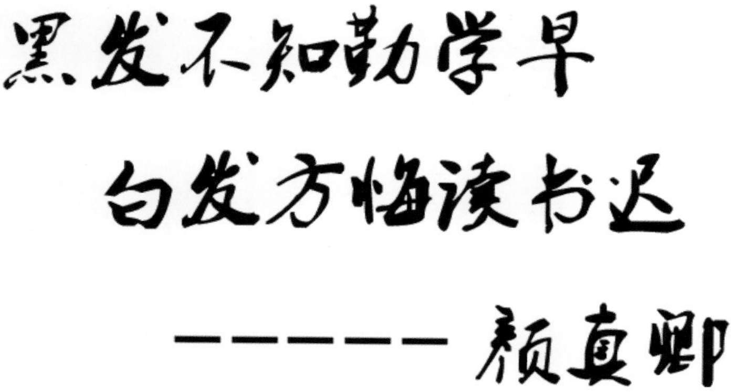

黑发不知勤学早
白发方悔读书迟
——————颜真卿

图 2-4-1　案例效果

步骤 1

新建图层，打上相应的文字，如图 2-4-2 所示。

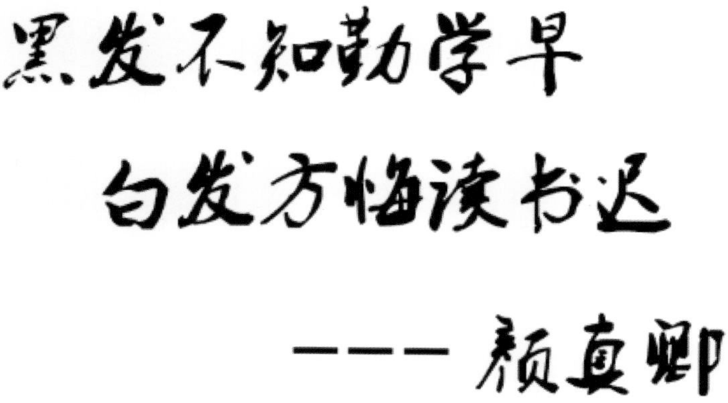

黑发不知勤学早
白发方悔读书迟
———颜真卿

图 2-4-2　步骤 1 效果图

步骤 2

创建图层，如图 2-4-3 所示。

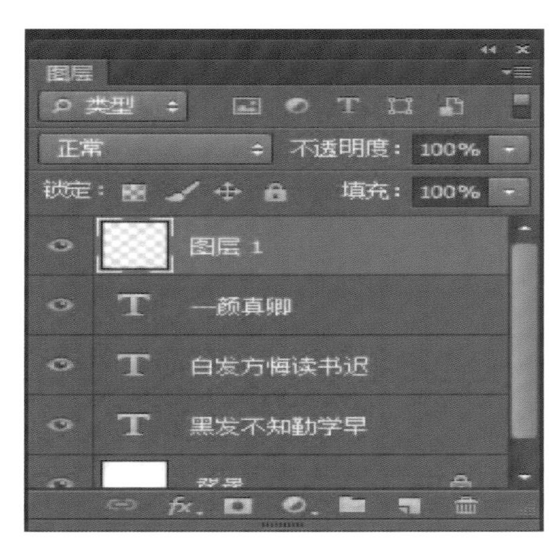

图 2–4–3　步骤 2 效果图

步骤 3

用“画笔”工具在此画一笔（前景颜色便是画笔的颜色），如图 2–4–4 所示。

步骤 4

点击 [窗口→时间抽] 导出动画栏，如图 2–4–5 所示。

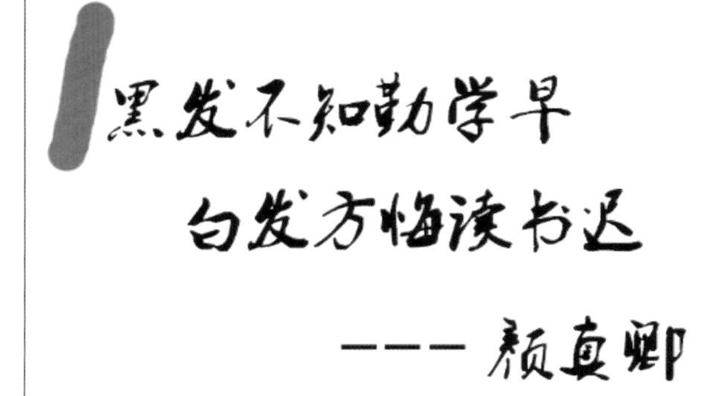

图 2–4–4　步骤 3 效果图

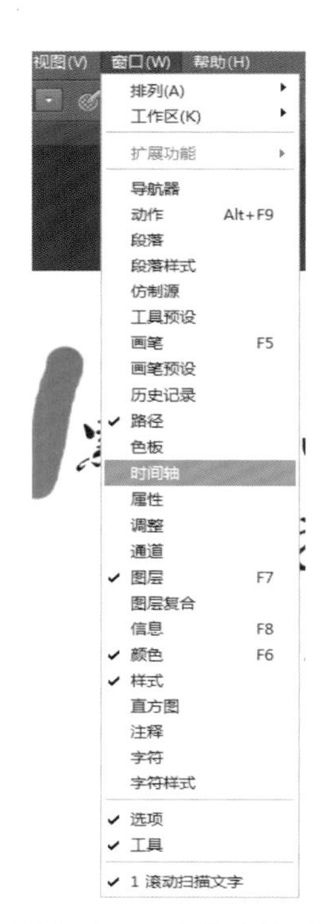

图 2–4–5　步骤 4 效果图

步骤 5

复制一帧，如图 2-4-6 所示。

图 2-4-6　步骤 5 效果图

步骤 6

用 [移动] 工具把颜色移到右边，如图 2-4-7 所示。

步骤 7

点击 [过渡]，如图 2-4-8 所示。

黑发不知勤学早

白发方悔读书迟

——颜真卿

图 2-4-7　步骤 6 效果图

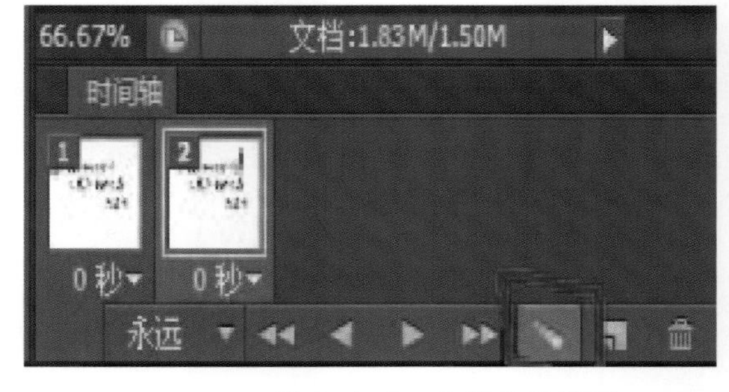

图 2-4-8　步骤 7 效果图

步骤 8

“过渡”20 帧，设置如图 2-4-9 所示。

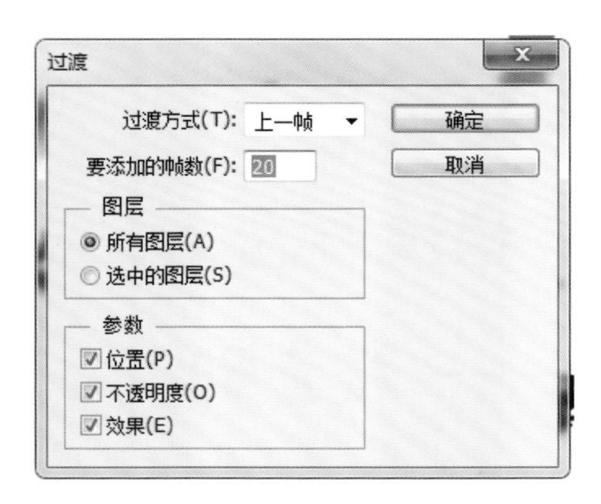

图 2-4-9　步骤 8 效果图

步骤 9

点击确定，效果如图 2-4-10 所示。

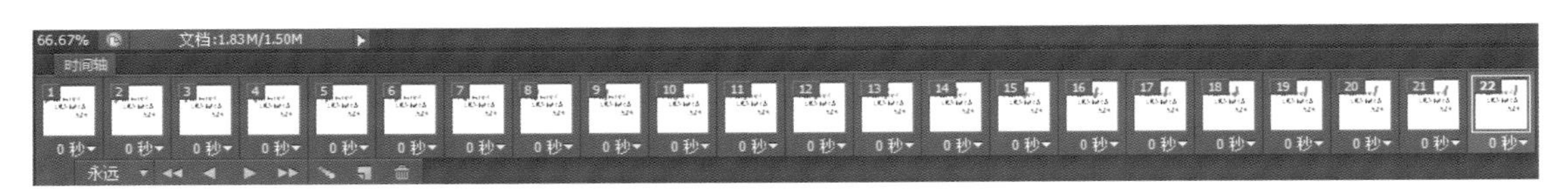

图 2-4-10　步骤 9 效果图

步骤 10

在 [颜色] 图层处单击右建 [创建剪贴蒙版]，如图 2-4-11 所示。

步骤 11

创建新图层，如图 2-4-12 所示。

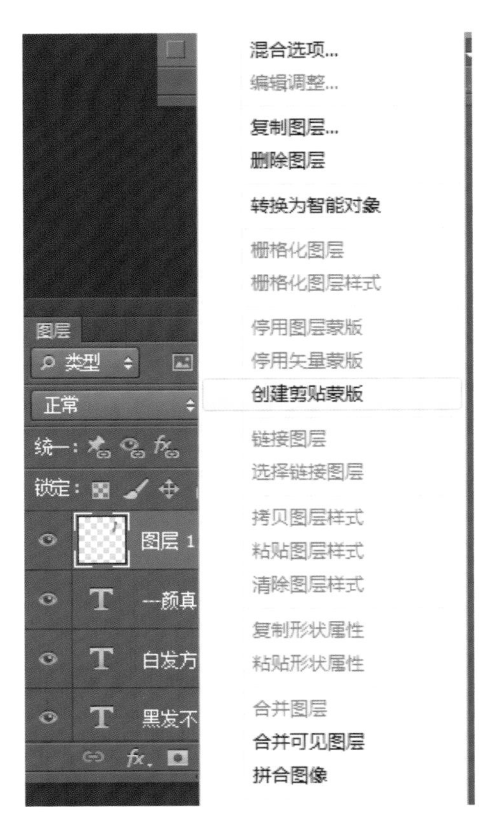

图 2-4-11　步骤 10 效果图

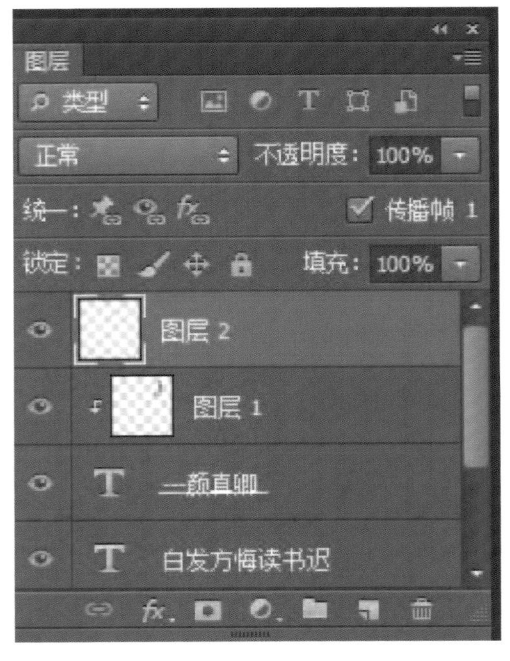

图 2-4-12　步骤 11 效果图

步骤 12

前景颜色设另一种颜色，再用画笔在此画一笔，如图 2-4-13 所示。

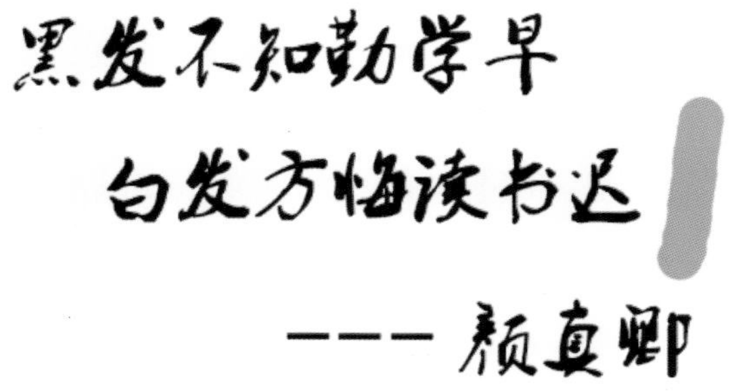

黑发不知勤学早
白发方悔读书迟
——— 颜真卿

图 2-4-13　步骤 12 效果图

步骤 13

点击最后一帧，如图 2-4-14 所示。

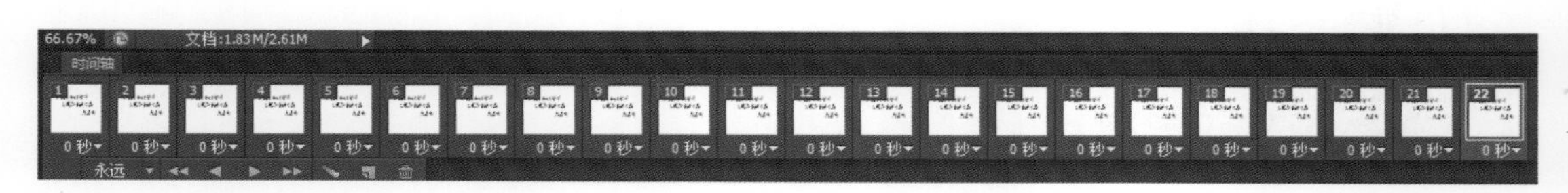

图 2-4-14　步骤 13 效果图

步骤 14

复制一帧，如图 2-4-15 所示。

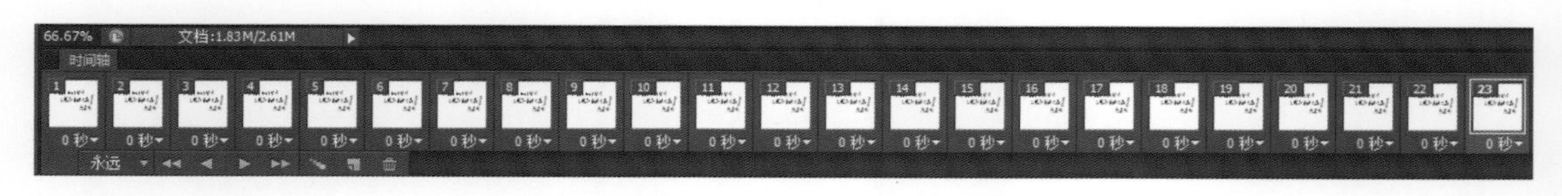

图 2-4-15　步骤 14 效果图

步骤 15

用“移动”工具把颜色移动到另一边，如图 2-4-16 所示。

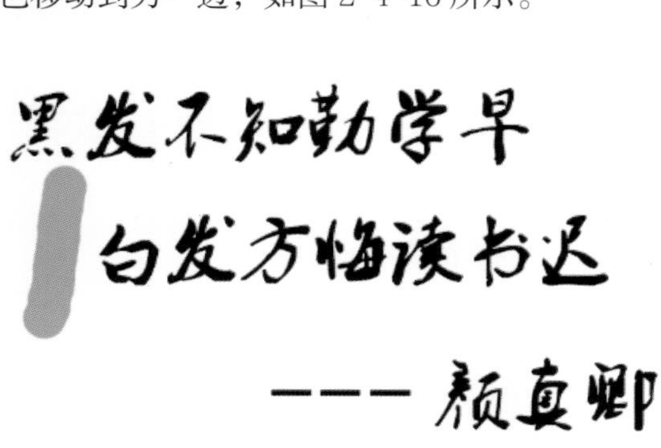

黑发不知勤学早
白发方悔读书迟
——— 颜真卿

图 2-4-16　步骤 15 效果图

步骤 16

点击“过渡”，如图 2-4-17 所示。

步骤 17

过渡 20 帧，如图 2-4-18 所示。

图 2-4-17　步骤 16 效果图

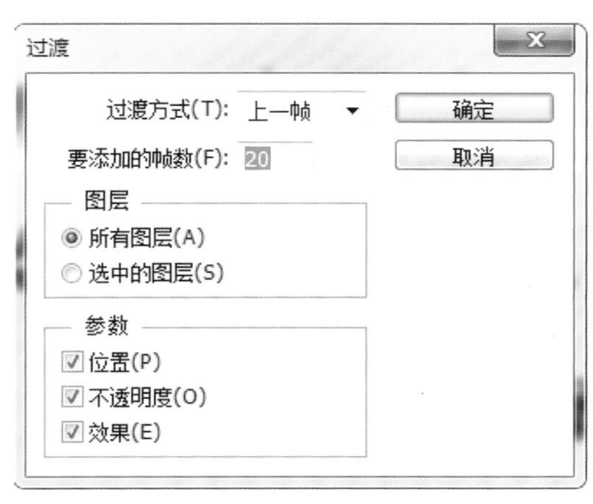

图 2-4-18　步骤 17 效果图

步骤 18

点击 [右建→创建剪帖蒙版]，如图 2-4-19 所示。

图 2-4-19　步骤 18 效果图

步骤 19

新建图层，如图 2-4-20 所示。

图 2-4-20　步骤 19 效果图

步骤 20

前景颜色设另一种颜色，再用画笔在此画一笔，如图 2-4-21 所示。

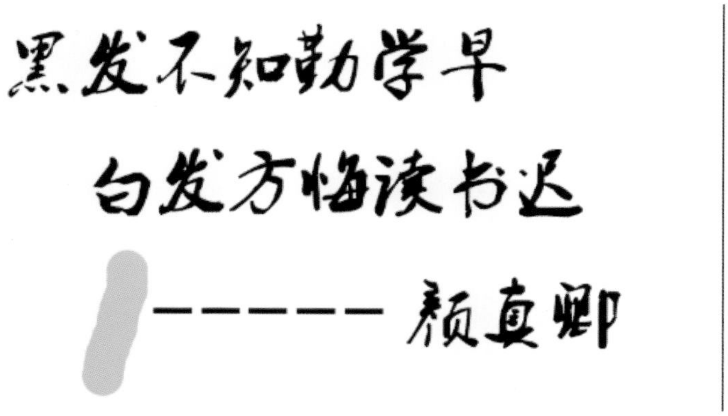

黑发不知勤学早
白发方悔读书迟
——————颜真卿

图 2-4-21　步骤 20 效果图

步骤 21

点击最后一帧，如图 2-4-22 所示。

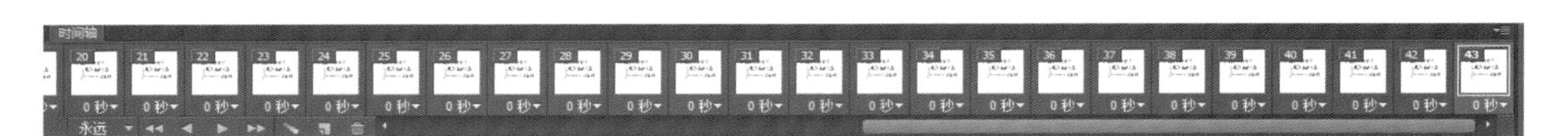

图 2-4-22　步骤 21 效果图

步骤 22

复制一帧，如图 2-4-23 所示。

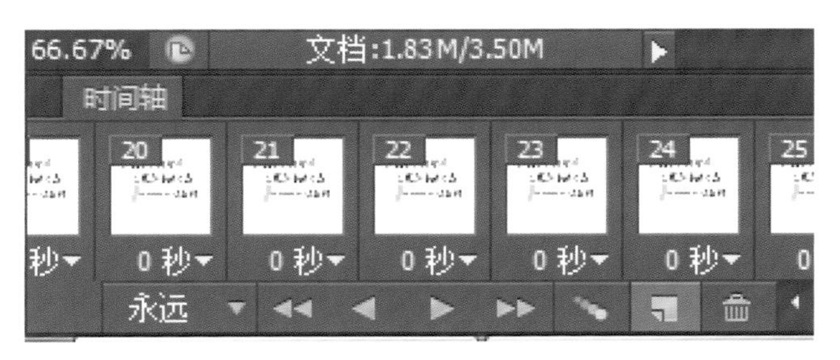

图 2-4-23　步骤 22 效果图

步骤 23

用“移动”工具把颜色移动到另一边，如图 2-4-24 所示。

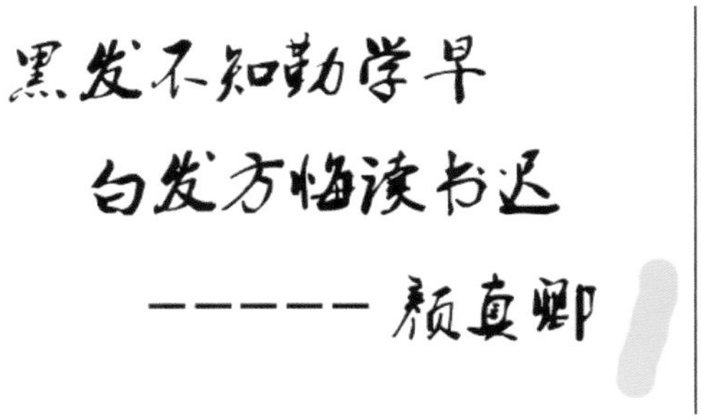

黑发不知勤学早

白发方悔读书迟

------颜真卿

图 2-4-24　步骤 23 效果图

步骤 24

点击 [过渡]，如图 2-4-25 所示。

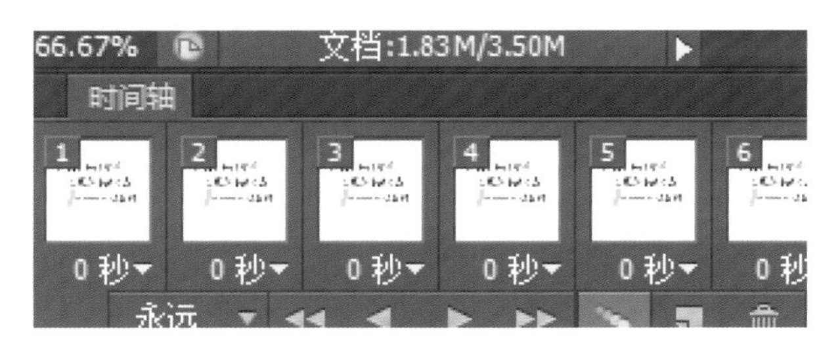

图 2-4-25　步骤 24 效果图

步骤 25

“过渡”20 帧，如图 2-4-26 所示。

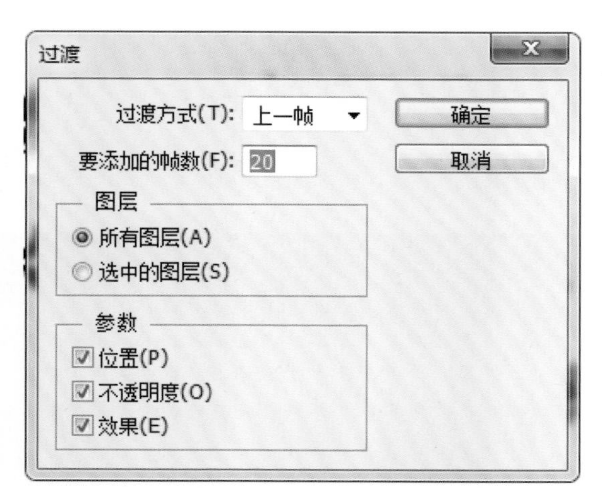

图 2-4-26　步骤 25 效果图

步骤 26

点击 [右建→创建剪帖蒙版]，如图 2-4-27 所示。

图 2-4-27　步骤 26 效果图

步骤 27

点击第一帧，如图 2-4-28 所示。

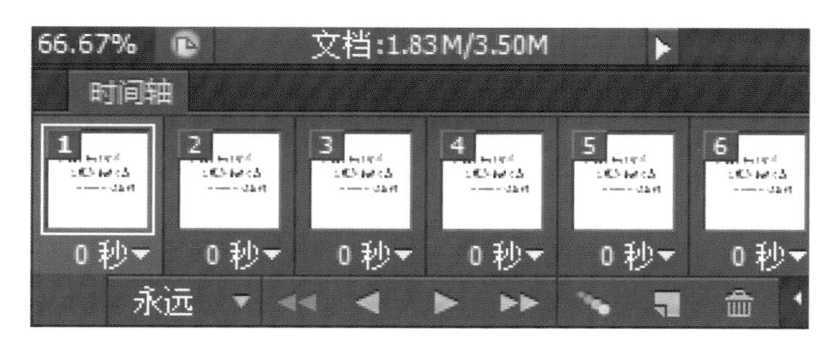

图 2-4-28　步骤 27 效果图

步骤 28

按住 [shift] 键再点击最后一帧，如图 2-4-29 所示。

图 2-4-29　步骤 28 效果图

步骤 29

设置你喜欢的速度（时间快慢），如图 2-4-30 所示。

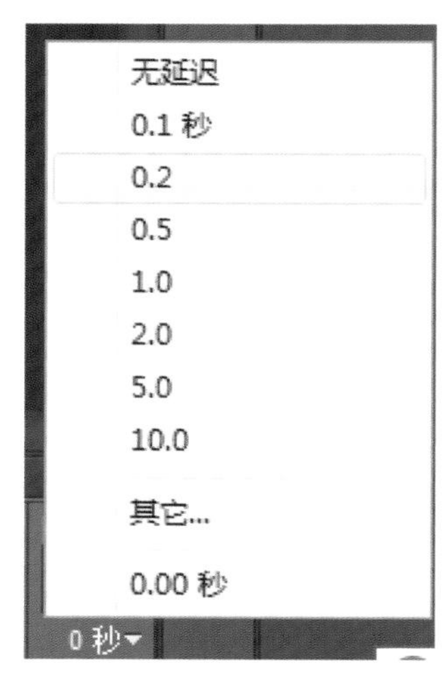

图 2-4-30　步骤 29 效果图

步骤 30

保存，如图 2-4-31 所示。

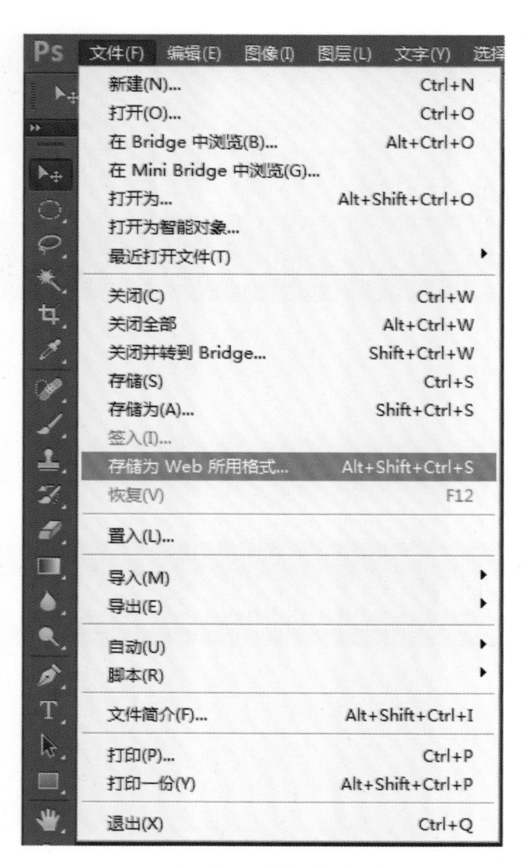

图 2-4-31　步骤 30 效果图

步骤 31
最后效果如图 2-4-32 所示。

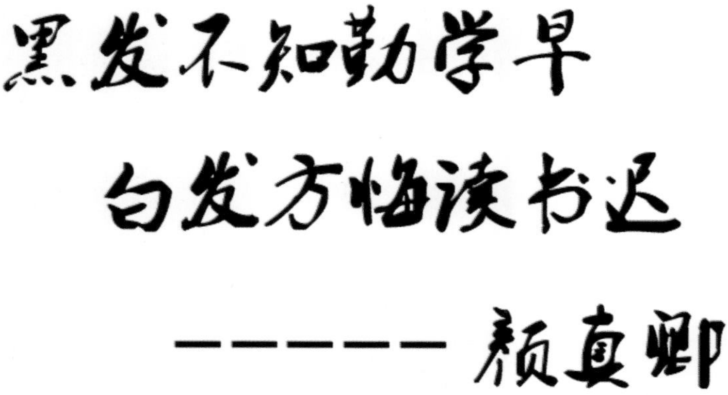

黑发不知勤学早
白发方悔读书迟
——————颜真卿

图 2-4-32　步骤 31 效果图

案例 5　制作编织效果人像

案例要点：利用选区做出条纹，然后通过蒙版和快速蒙版来制作出编织的效果，如图 2-5-1 所示。

图 2-5-1　编织效果人像

步骤 1

在 PHOTOSHOP 中打开需要处理的图片，通过 [Ctrl + J] 复制二次，得到图层 1、图层 1 拷贝，如图 2-5-2 所示。

图 2-5-2　步骤 1 效果图

步骤 2

将前景色设为黑色，按 [Alt + Delete] 给背景层填充黑色，将图层 1 命名为“人像 1”，图层 1 拷贝命名为“人像 2”，如图 2-5-3 所示。

步骤 3

打开 [编辑→首选项→参考线、网格和切片]，如图 2-5-4 所示。

图 2-5-3　步骤 2 效果图

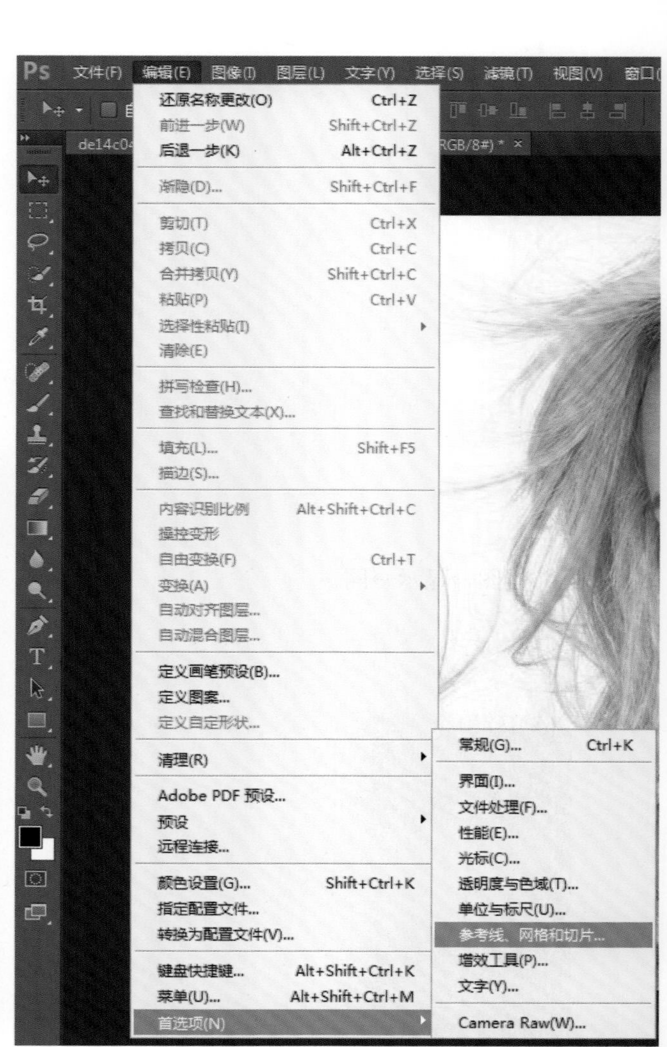

图 2-5-4　步骤 3 效果图 a

接下来对网络进行设置，线间隔 10，线的颜色色值：#3e6ef7。（注意网格的间隔，可以根据自己的图片需要进行设置），如图 2-5-5 所示。

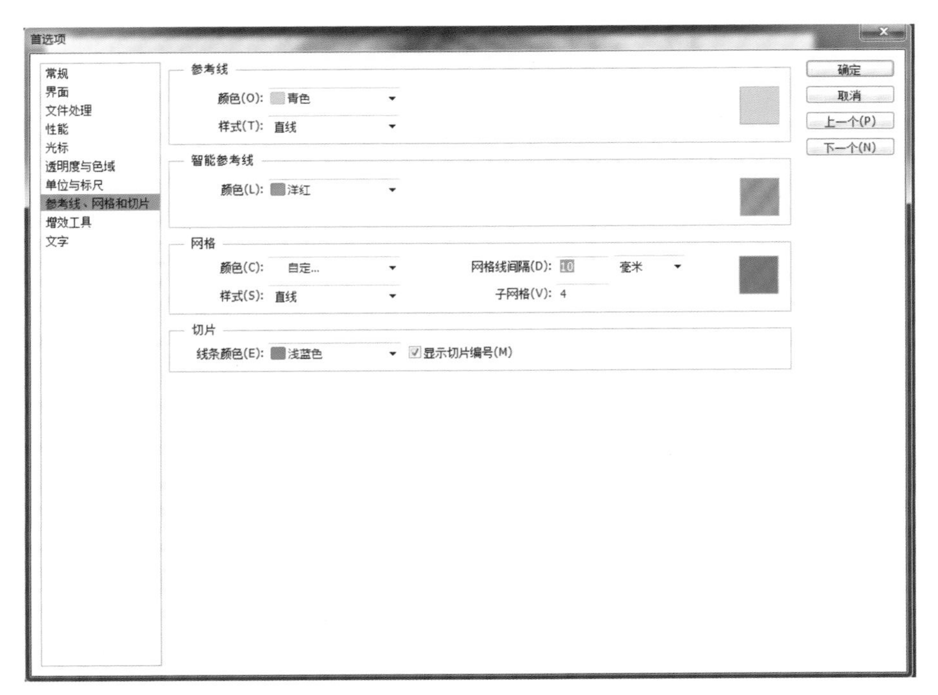

图 2–5–5　步骤 3 效果图 b

步骤 4

打开 [视图→显示→网格]，这里画面中的人物就会有网格显示了，如图 2-5-6 所示。

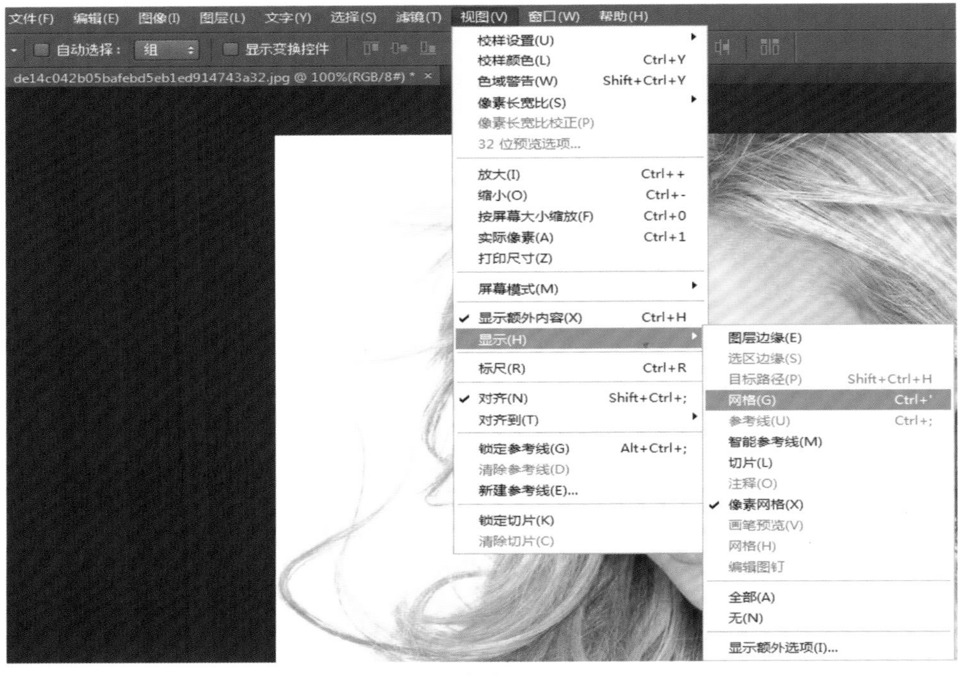

（a）

（b）

图 2-5-6　步骤 4 效果图

步骤 5

选择矩形选框工具（M），在画面中每三格进行竖排选取操作。选择时要按住 [Shift] 键增加选区，每三个格子一个选区，中间空一格，效果如图 2-5-7 所示。

图 2-5-7　步骤 5 效果图

步骤 6

选完后，转到图层确保你选中“人像 2”图层，添加图层蒙版，如图 2-5-8 所示。

图 2-5-8　步骤 6 效果图

步骤 7

选择矩形选框工具（M），按住 [Shift] 键增加横排的选区，也是每三个格子一个选区，中间空一格，效果如图 2-5-9 所示。

图 2-5-9　步骤 7 效果图

步骤 8

转到图层选中“人像 1”图层，添加图层蒙版，效果如图 2-5-10 所示。

图 2-5-10　步骤 8 效果图

步骤 9

下面把画面中的网格线隐藏。打开 [视图→显示→网格]，如图 2-5-11 所示。

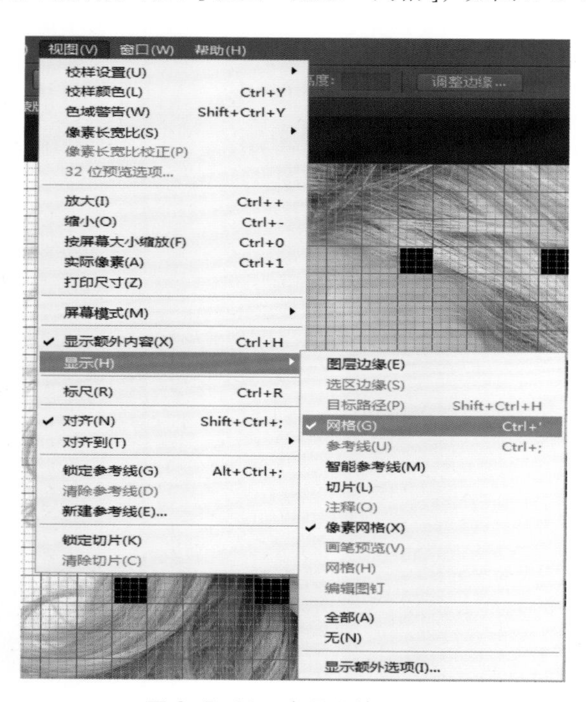

图 2-5-11　步骤 9 效果图 a

点击一下网格，这时画片中的网格线就没有了。效果如图 2-5-12 所示。

图 2-5-12　步骤 9 效果图 b

步骤 10

按住 [Ctrl] 键点击“人像 2”的图层蒙版得到选区，然后按 [CTRL + SHIFT + ALT] 键单击“人像 1”的图层蒙版，得到如图 2-5-13 所示的选区。

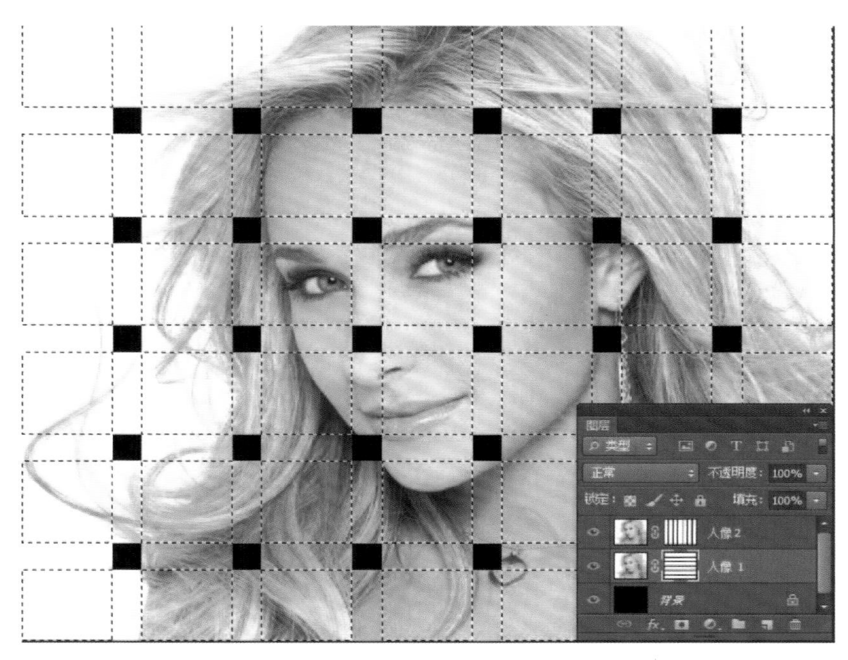

图 2-5-13　步骤 10 效果图

步骤 11

现在把这个选区存下来，打开 [选择→存储选区]，如图 2-5-14 所示。

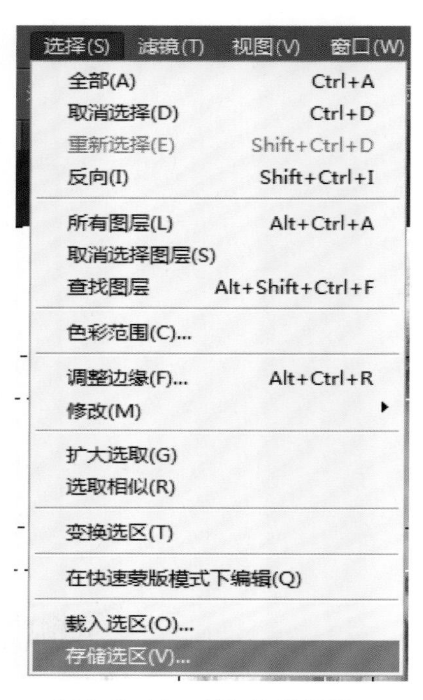

图 2-5-14　步骤 11 效果图 a

将选区名称命名为：人物，如图 2-5-15 所示。

图 2-5-15　步骤 11 效果图 b

步骤 12

下面我们点击快速蒙版按钮（注意：快速蒙版在左侧工具栏下方，前景色和背景色工具下面），这时会看到画面中出现了红色的条纹，如图 2-5-16 所示。

图 2-5-16　步骤 12 效果图

步骤 13

我们设置前景色为黑色，选油漆桶工具（G），在画布上进行交错填充格子，效果如图 2-5-17 所示。

图 2-5-17　步骤 13 效果图

步骤 14

我们点击快速蒙版，退出快速蒙版，得到选区如图 2-5-18 所示。

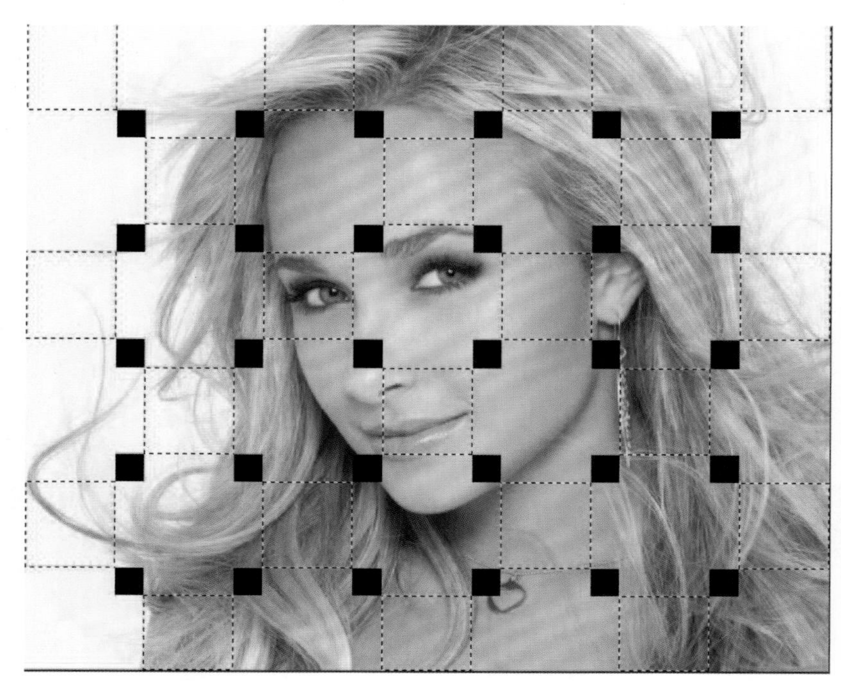

图 2-5-18　步骤 14 效果图 a

选中“人像 1”图层，[Ctrl + J] 复制得到图层 2，把人像 1、人像 2 图层关掉，效果如图 2-5-19 所示。

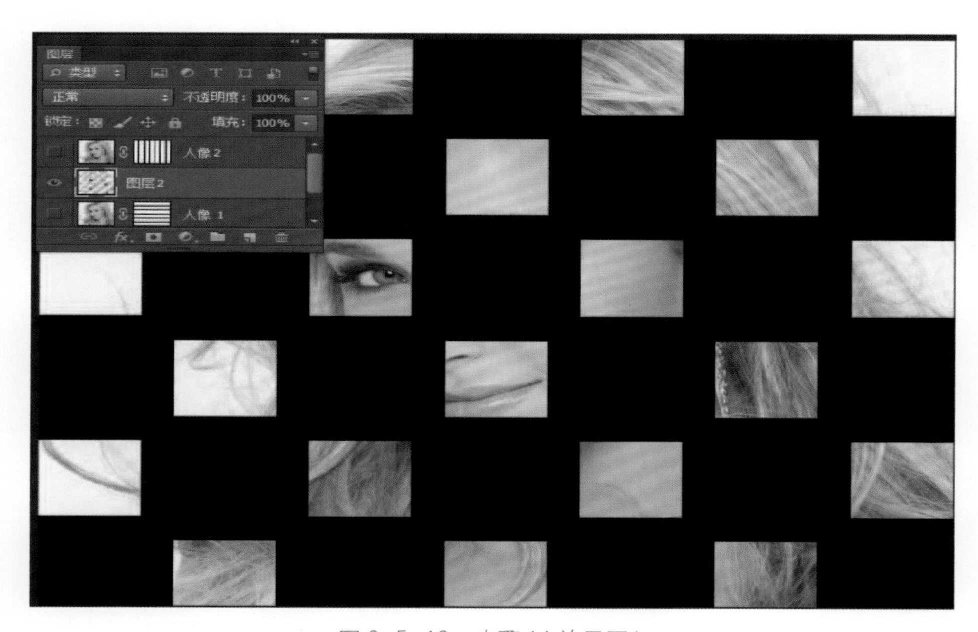

图 2-5-19　步骤 14 效果图 b

步骤 15

下面我们打开通道面板，按 [Ctrl] 键点击人物得到选区，如图 2-5-20 所示。

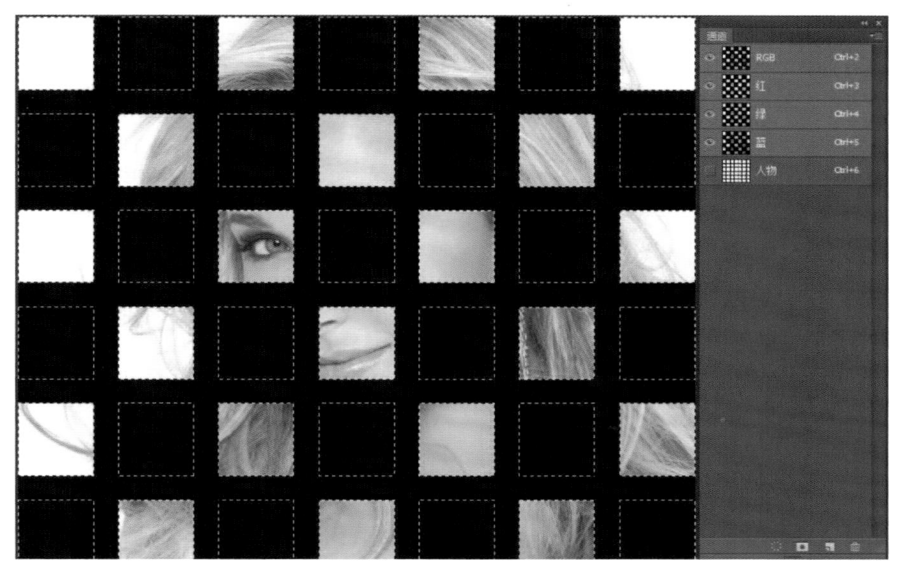

图 2-5-20　步骤 15 效果图

步骤 16

下面我们点击快速蒙版按钮，如图 2-5-21 所示。

图 2-5-21　步骤 16 效果图 a

设置前景色为黑色，选油漆桶工具(G)，在画布上进行交错填充格子，效果如图 2-5-22 所示(注意这次填充的格子位子和步骤 14 中填充的格子刚好是错开的，注意不要填充错了)。

图 2-5-22　步骤 16 效果图 b

步骤 17

我们点击快速蒙版，退出快速蒙版，得到选区如图 2-5-23 所示。

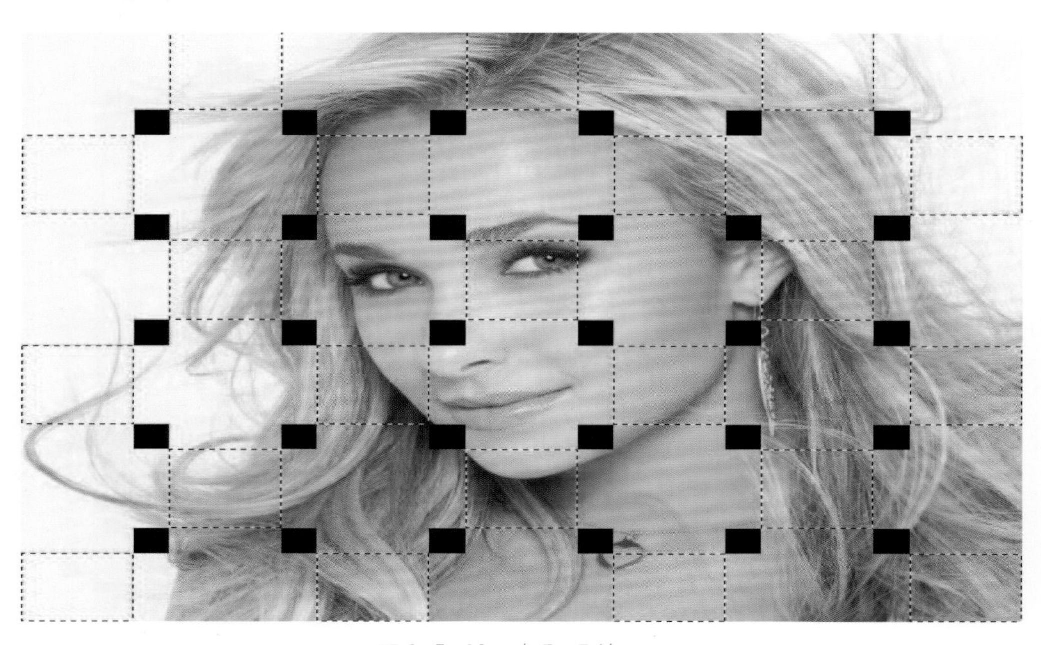

图 2-5-23　步骤 17 效果图

步骤 18

选中 [人像 2] 图层，[Ctrl ＋ J] 复制得到图层 3，我们把人像 1、人像 2 图层关了，效果如图 2-5-24 所示。将图层 2、图层 3 命名为复制 1、复制 2。

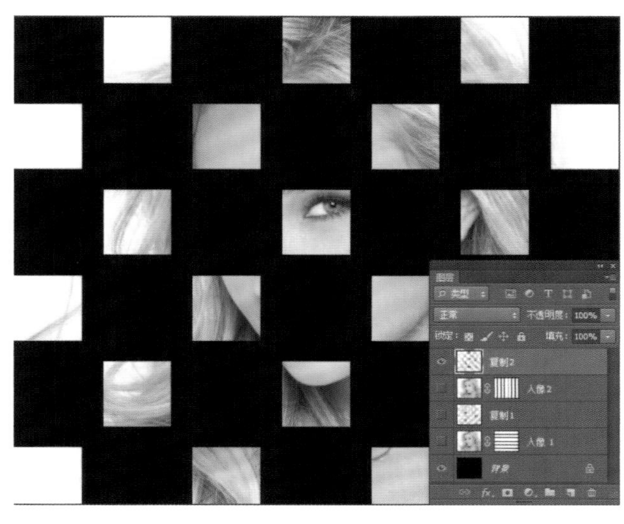

图 2-5-24　步骤 18 效果图

步骤 19

双击图层“复制 1”，打开图层样式，设置外发光样式，参数如图 2-5-25 所示。

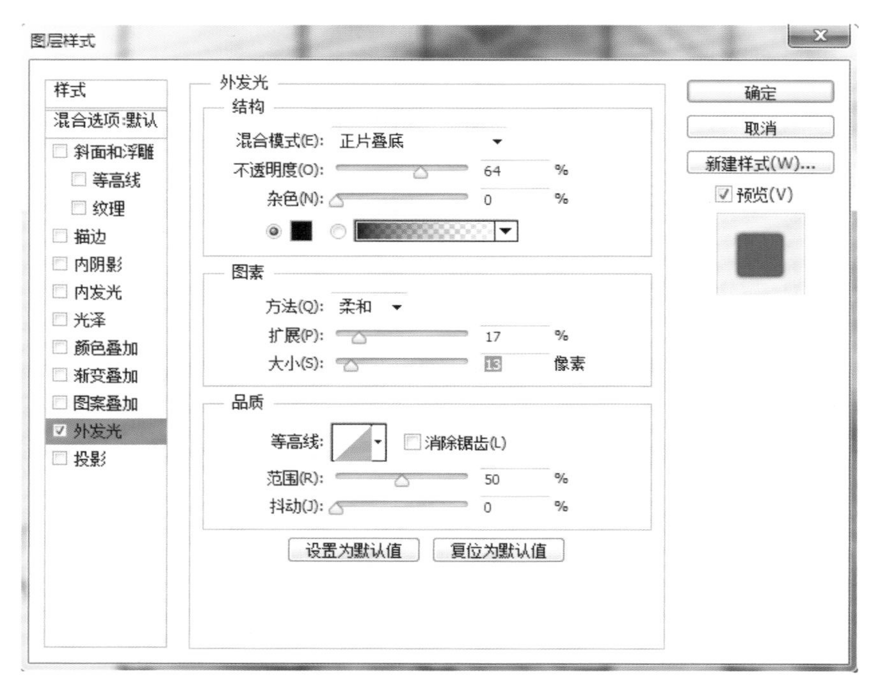

图 2-5-25　步骤 19 效果图

步骤 20

选中图层 [复制 1 右键点击 [拷贝图层样式]，如图 2-5-26 所示。

步骤 21

右键选中图层 [复制 2]，点击 [粘贴图层样式]，如图 2-5-27 所示。

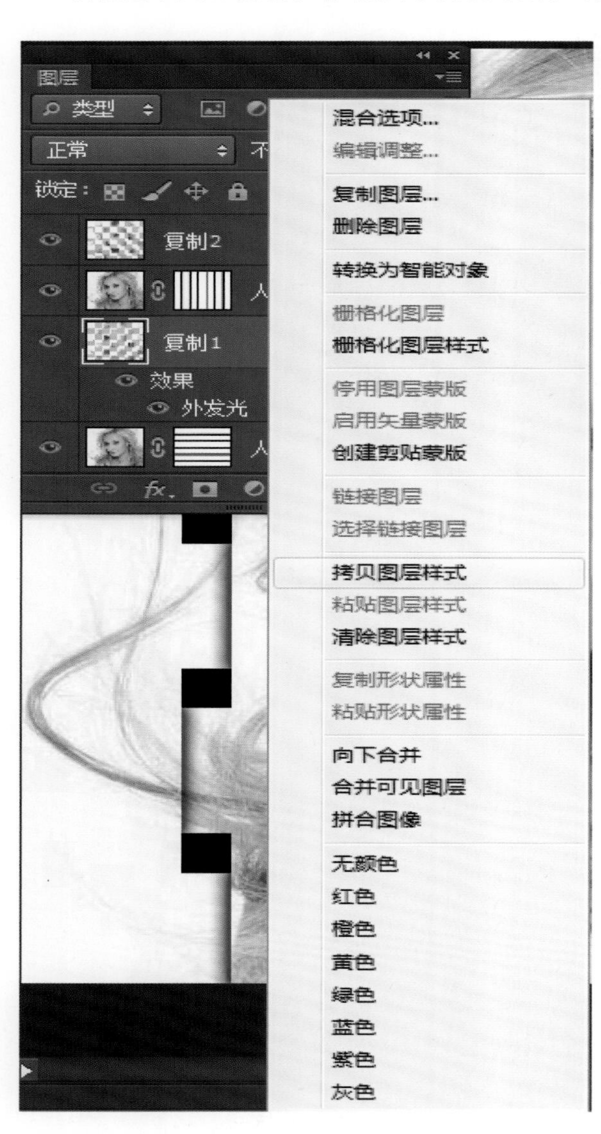

图 2-5-26　步骤 20 效果图

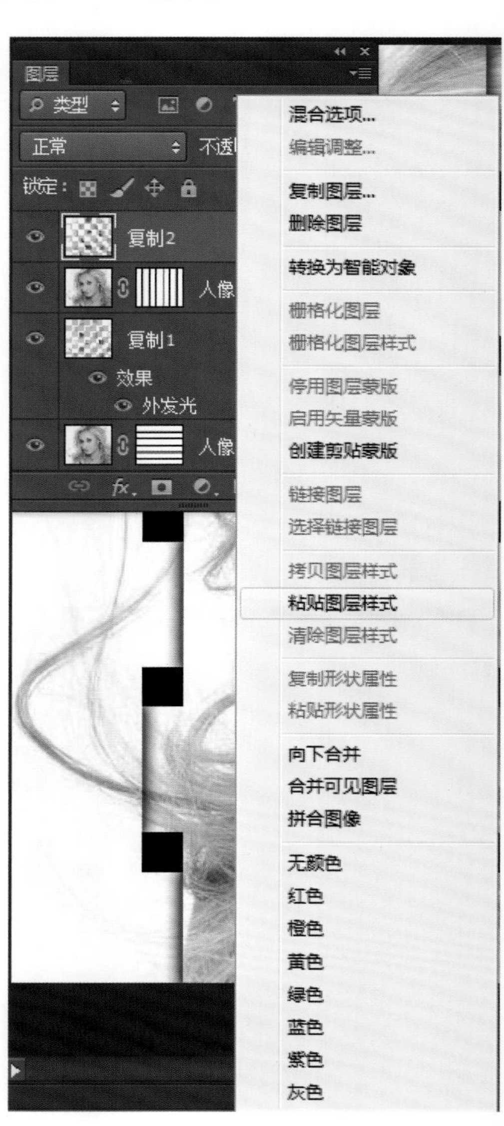

图 2-5-27　步骤 21 效果图

步骤 22

把背景层填充颜色 #30191f，得到效果如图 2-5-28 所示。

图 2-5-28　步骤 22 效果图

步骤 23

下面我们把鼠标放 [人像 1] 和 [复制 1] 两图层中间，按住 [ALT] 并单击，在 [人像 2] 和 [复制 2] 中间也做剪贴蒙版，效果如图 2-5-29 所示。

图 2-5-29　步骤 23 效果图

最后，一起来看下完成后的效果图，如图 2-5-1 所示。

案例 6　庆国庆火焰字制作

案例要点：该效果主要利用自由变形工具把素材文字扭曲成火焰的效果，再用图层样式修饰，效果图如图 2-6-1 所示。

图 2-6-1　庆国庆火焰字效果图

步骤 1

新建一个 800 像素 ×800 像素、分辨率为 72 的画布，背景填充黑色。用 PS 打开素材图片（图片为 PNG 格式），并调整好位置，如图 2-6-2 所示。

图 2-6-2　步骤 1 效果图

步骤 2

按住 [Ctrl]，同时鼠标左键点击图层面板文字缩略图载入文字选区，如图 2-6-3 所示。

图 2–6–3　步骤 2 效果图

步骤 3

新建一个图层，选择菜单 [编辑→描边]，数值设为 1，颜色为黄色，确定后取消选区，再把原文字图层隐藏，效果如图 2-6-4 所示。

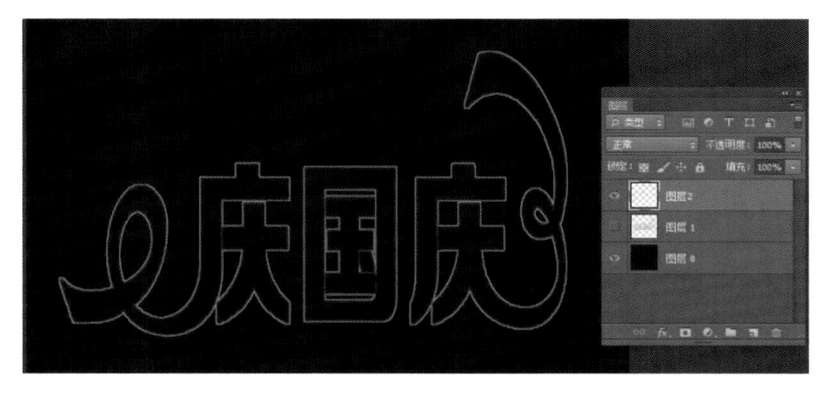

图 2–6–4　步骤 3 效果图

步骤 4

文字边框有了，下面就沿着文字边线添加火焰素材。用 PS 打开素材，拖到新建的组里面，如图 2-6-5 所示。

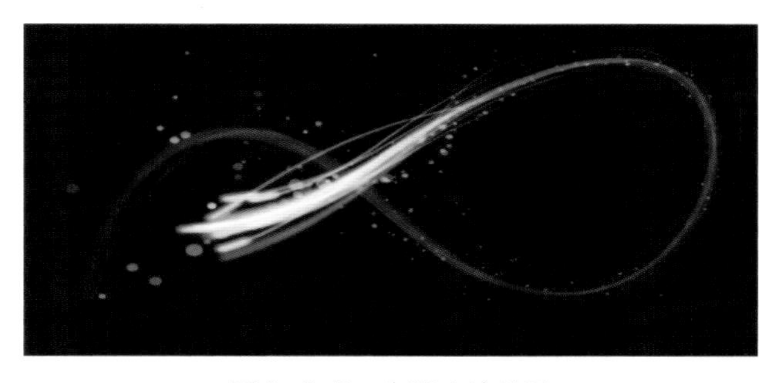

图 2–6–5　步骤 4 效果图

步骤 5

用套索工具选取图 2-6-6 所示的火焰部分。

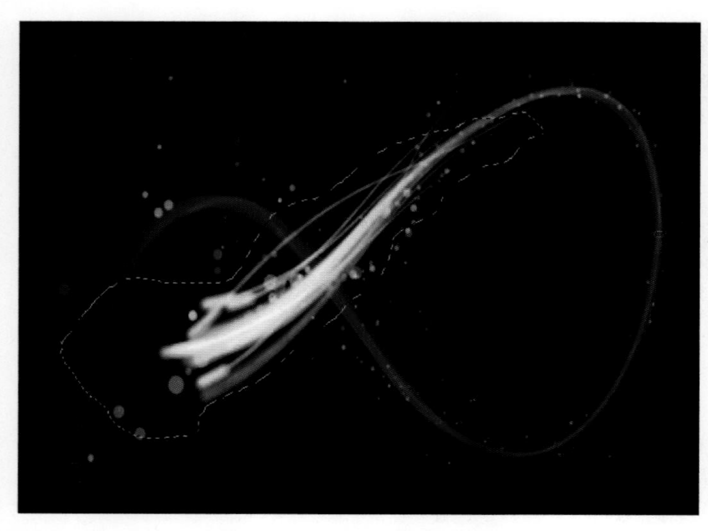

图 2-6-6　步骤 5 效果图

步骤 6

按 [Ctrl + J] 复制到新的图层，混合模式改为“变亮”，如图 2-6-7 所示。

图 2-6-7　步骤 6 效果图

步骤 11

调节底部的节点，同样按照画笔走向调整，然后点击回车键确定，效果如图 2-6-12 所示。

图 2-6-12　步骤 11 效果图

步骤 12

用套索工具选取超出的部分，按 [Delete] 键删除，然后取消选区，如图 2-6-13 所示。

(a) 选取走出部分

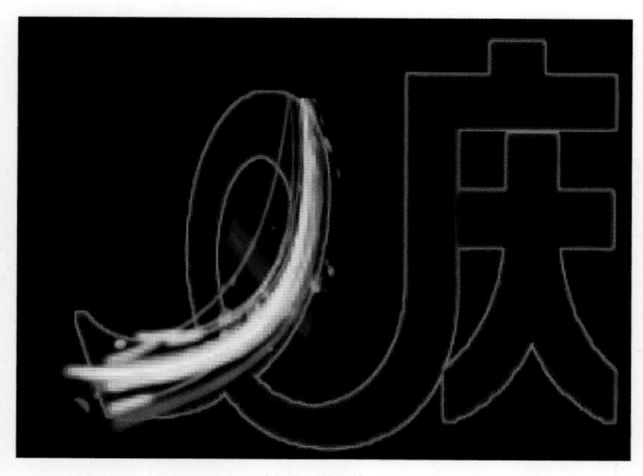

（b）删除后

图 2–6–13　步骤 12 效果图

步骤 13

顶部的笔画还不够圆润，需要处理一下。用套索工具选取顶部的区域，如图 2–6–14 所示。

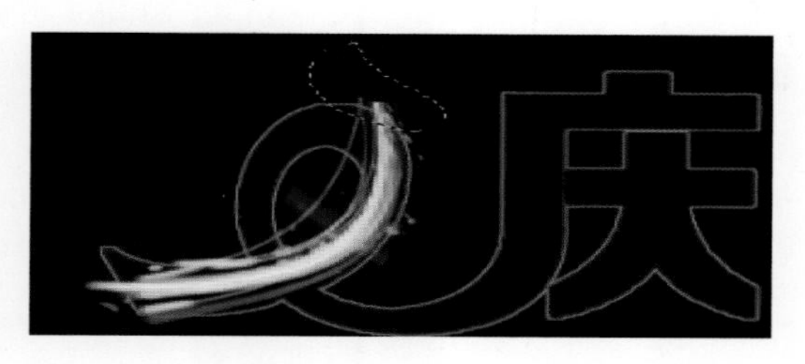

图 2–6–14　步骤 13 效果图

步骤 14

按 [Ctrl + T] 进行变形，如图 2–6–15 所示。

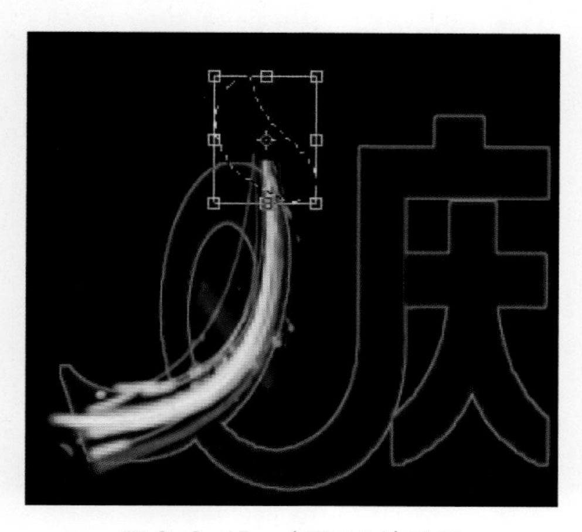

图 2–6–15　步骤 14 效果图

步骤 15

在变形框里右键选择“变形”，如图 2-6-16 所示。

图 2-6-16　步骤 15 效果图

步骤 16

调整节点，满意后回车确定，效果如图 2-6-17 所示。

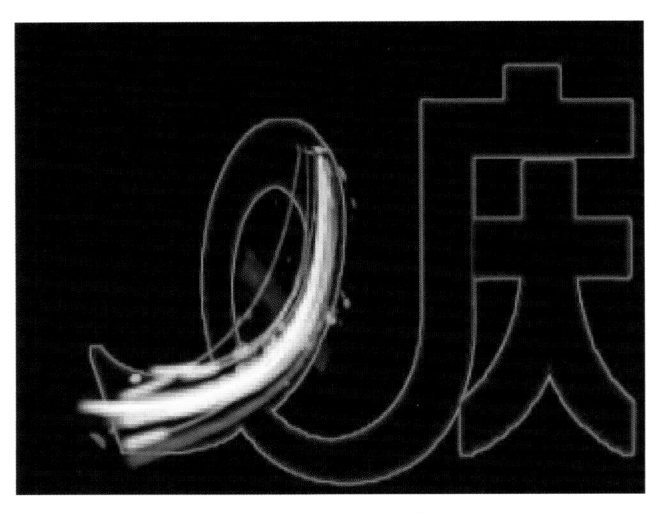

图 2-6-17　步骤 16 效果图

步骤 17

回到原火焰素材，同样选取图 2-6-18 所示的火焰部分，按 [Ctrl + J] 复制到新的图层，混合模式改为“变亮”。

图 2-6-18　步骤 17 效果图

步骤 18

同上的方法对火焰进行变形处理，如图 2-6-19 所示。

图 2-6-19　步骤 18 效果图

步骤 19

用 PS 打开第二张火焰素材，并拖放进来，如图 2-6-20 所示。

图 2-6-20　步骤 19 效果图

步骤 20

同上的方法做变形处理，效果如图 2-6-21 所示。

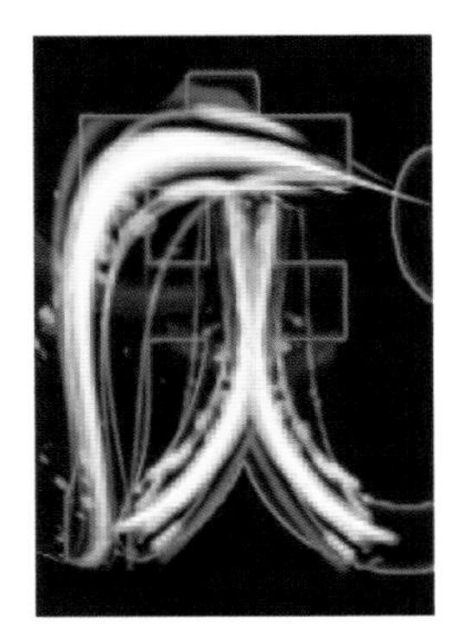

图 2-6-21　步骤 20 效果图

步骤 21

其他的制作方法一样，最后合并图层效果如图 2-6-22 所示。

图 2-6-22　步骤 21 效果图

步骤 22

回到原文字图层，然后双击缩略图载入图层样式，设置斜面和浮雕、等高线等参数，确定后把填充改为 0%，效果如图 2-6-23 所示。通过这一步给文字边缘增加小点。

（a）

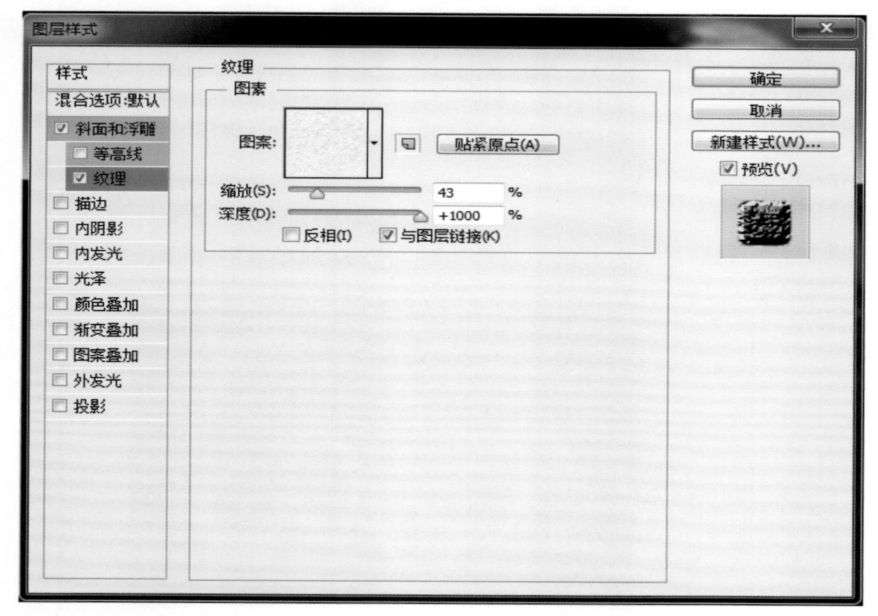

（b）

图 2-6-23　步骤 22 效果图

步骤 23

最后微调一下细节，完成最终效果，如图 2-6-1 所示。

案例 7　复古人像海报

这是一个相对简单的案例，但是用到了一些大家或许不怎么熟悉的滤镜和调整命令。

诸如“等高线”和“阈值”。最后再结合笔刷，配合不错的文字排版，可以打造一款效果不错的复古海报，如图 2-7-1 所示。

图 2-7-1　复古人像海报

步骤 1

新建合适大小画布，打开人物图片，剪裁合适区域，布满画面，如图 2-7-2 所示。这里用的是 2 000×3 000 像素，300 分辨率。

图 2-7-2　步骤 1 效果图

步骤 2

点击 [Ctrl ＋ J] 复制一层，应用 [滤镜→风格化→等高线]，调整色阶，到达能够看到丰富的轮廓线即可，如图 2-7-3 所示。

步骤 3

点击 [Shit ＋ Ctrl ＋ U] 去色，变成单色线稿，如图 2-7-4 所示。

滤镜(T) 3D(D) 视图(V) 窗口(W) 帮助(H)
等高线 Alt+Ctrl+F
转换为智能滤镜(S)
滤镜库(G)...
自适应广角(A)... Alt+Shift+Ctrl+A
Camera Raw 滤镜(C)... Shift+Ctrl+A
镜头校正(R)... Shift+Ctrl+R
液化(L)... Shift+Ctrl+X
消失点(V)... Alt+Ctrl+V
3D
风格化
模糊
模糊画廊
扭曲
锐化
视频
像素化
渲染
杂色
其它
浏览联机滤镜...
查找边缘
等高线...
风...
浮雕效果...
扩散...
拼贴...
曝光过度
凸出...
油画...
选择并遮住...
@ 25% (图层 1, RGB/8) *

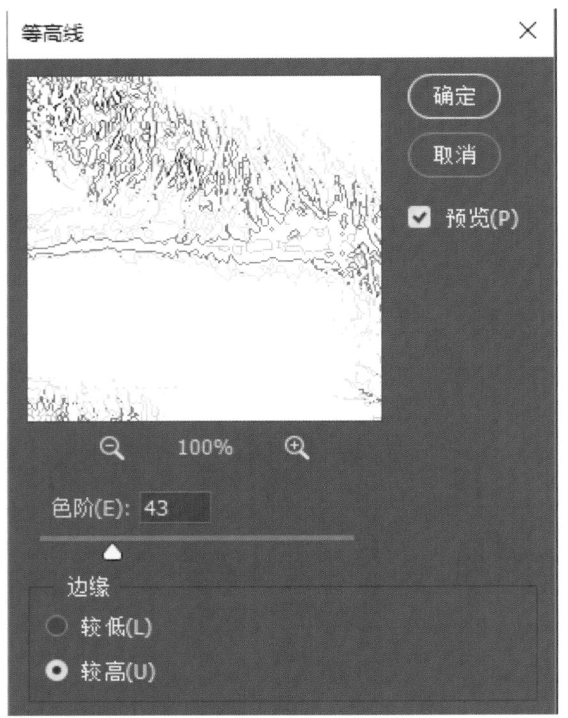

等高线
确定
取消
预览(P)
100%
色阶(E): 43
边缘
较低(L)
较高(U)

图 2–7–3　步骤 2 效果图

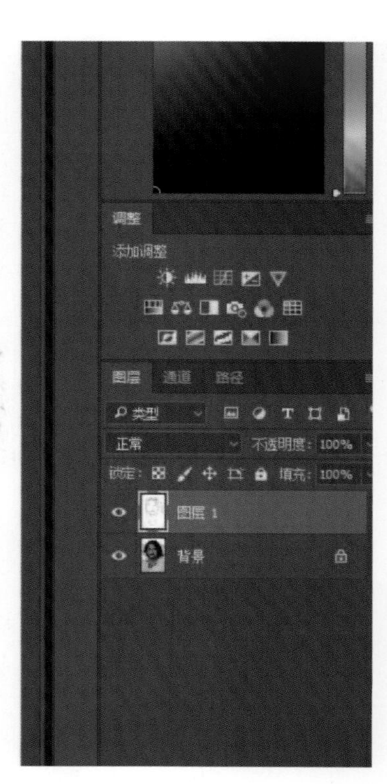

图 2–7–4　步骤 3 效果图

步骤 4

对这层线稿应用 [滤镜→滤镜库→素描→便条纸]。从而得到纸张纹理并深刻这些轮廓线，如图 2–7–5 所示。

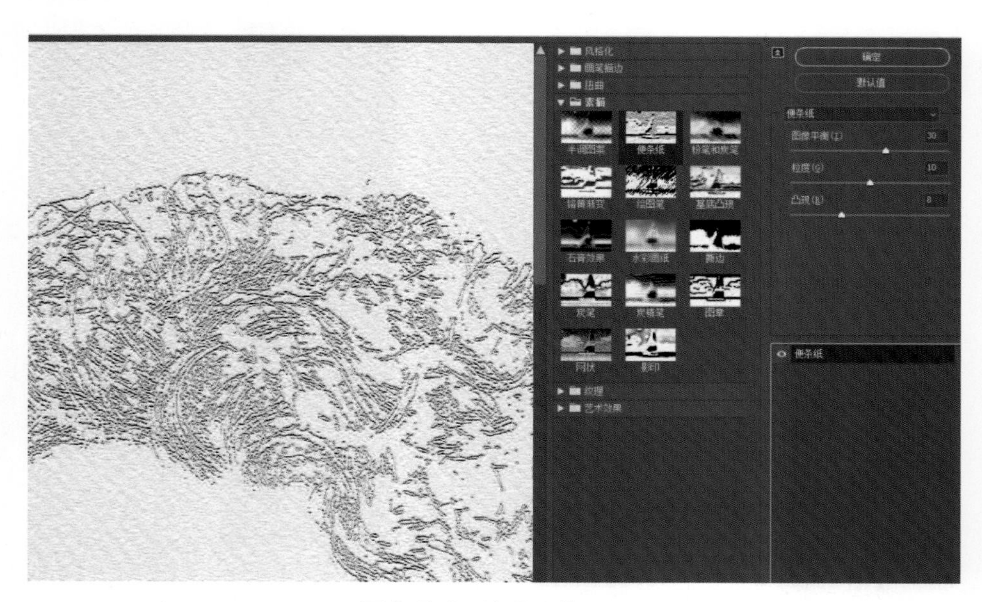

图 2–7–5　步骤 4 效果图

步骤 5

新建一层，填充颜色色值：#bdae9a，将图层混合模式更改为“正片叠底”，如图 2-7-6 所示。

图 2–7–6　步骤 5 效果图

步骤 6

复制一层人物原图，置于顶层。选择 [调整→阈值]，调整阈值色阶，类似版画效果即可，如图 2-7-7 所示。

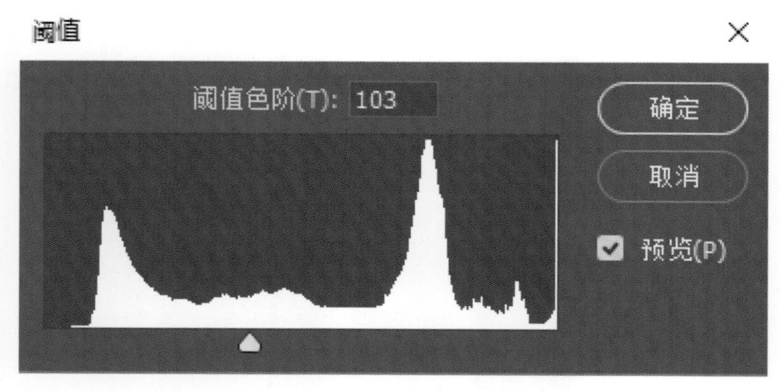

图 2–7–7　步骤 6 效果图

步骤 7

将阈值这一图层的图层混合模式更改为“正片叠底”，不透明度为 65%。得到以下效果，如图 2–7–8 所示。

(a)

(b)

图 2–7–8　步骤 7 效果图

步骤 8

为阈值调整后的图层新建蒙版。利用墨迹喷溅的笔刷，在不同透明度和大小下擦拭，如图 2-7-9 所示。

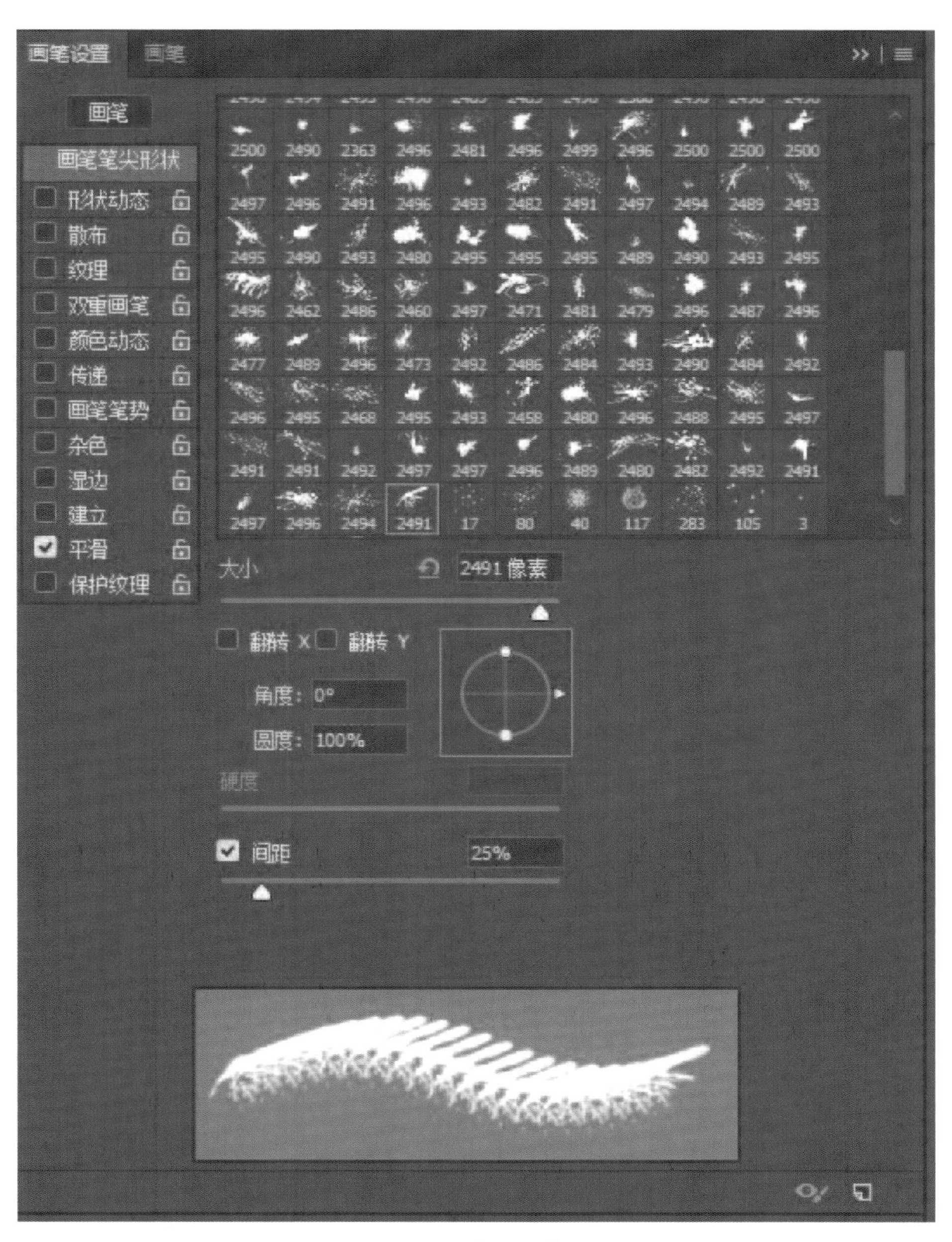

图 2-7-9　步骤 8 效果图

步骤 9

笔刷的擦拭效果如图 2-7-10 所示。

图 2-7-10　步骤 9 效果图

步骤 10

蒙版单独显示效果，如图 2-7-11 所示。

图 2-7-11　步骤 10 效果图

步骤 11

至此，海报主体的人物部分的创建就完成了。为了避免单调，可以稍微用上述笔刷装饰。新建一层，选一个红色，点缀即可。如图 2-7-12 所示。

图 2-7-12　步骤 11 效果图

步骤 12

至此，海报的画面部分就完成了。接下来就只需添加文字标题，进行版式排版了。如图 2-7-13 所示。

步骤 13

最后根据实际效果，做最后的调整。这里我曲线增加了一下对比度，使画面明亮起来，如图 2-7-14 所示。

图 2–7–13　步骤 12 效果图

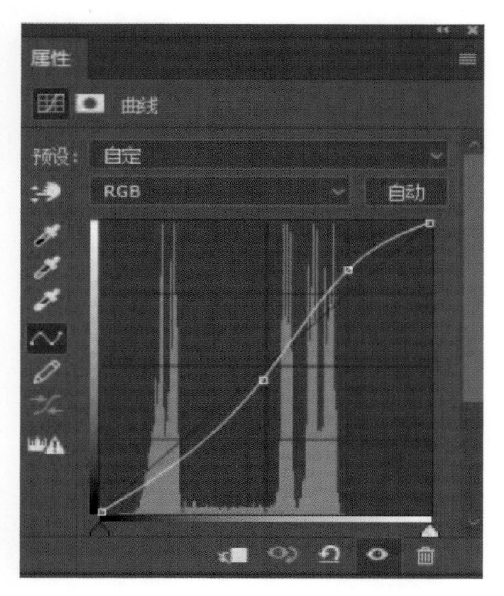

图 2–7–14　步骤 13 效果图

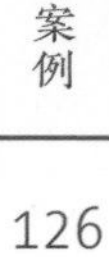

案例 8　浪漫情人节

案例要点：

首先导入设置好的文字；然后给文字图层设置图层样式，增加一些高光和纹理；最后再复制文字图层，用图层样式给文字增加金属描边。效果如图 2-8-1 所示。

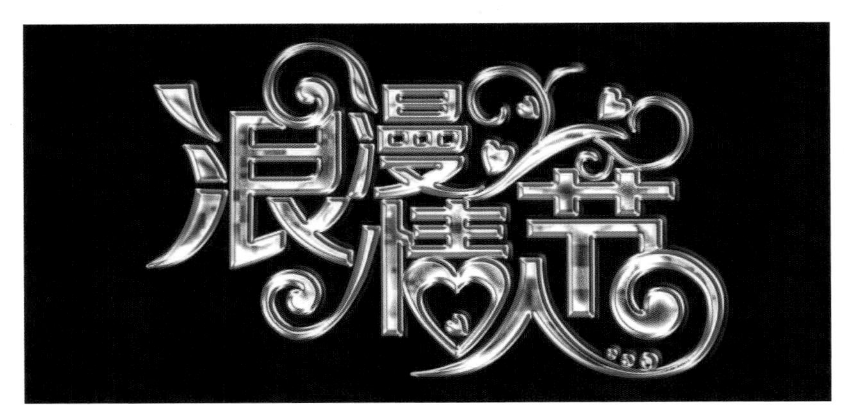

图 2-8-1　浪漫情人节效果图

步骤 1

打开 PS 软件，按 [Ctrl ＋ N] 新建文件，尺寸为 1 200×800 像素，分辨率为 300 像素 / 英寸，如图 2-8-2 所示，然后点击确定。

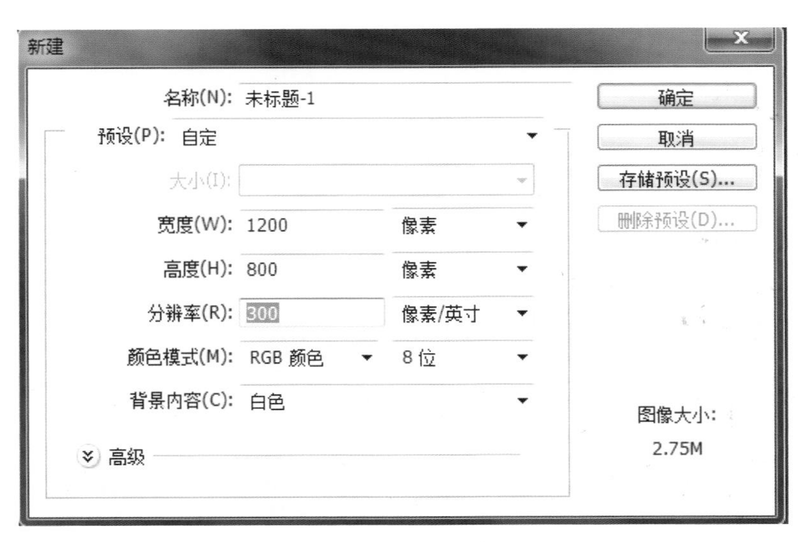

图 2-8-2　步骤 1 效果图

步骤 2

把前景色设置为黑色，然后用油漆桶工具把背景填充为黑色，如图 2-8-3 所示。

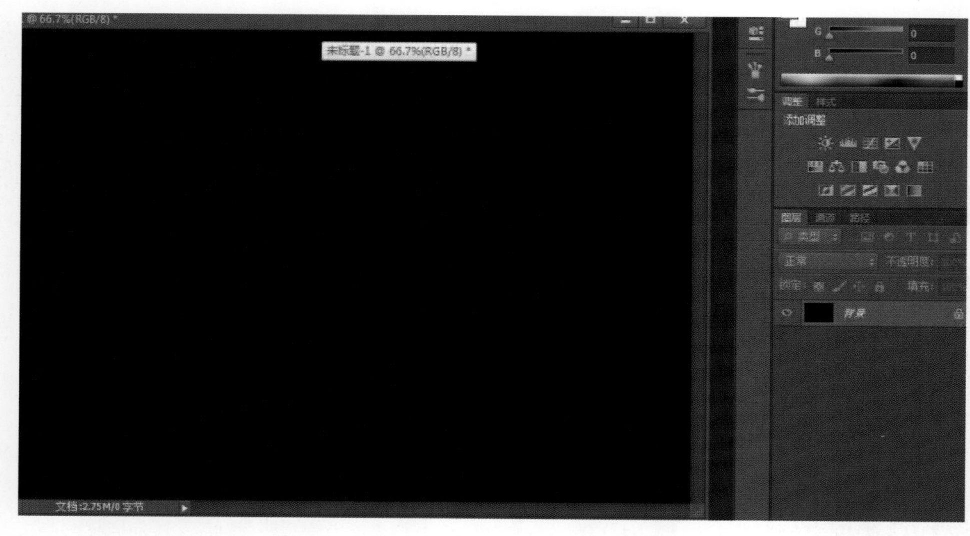

图 2-8-3　步骤 2 效果图

步骤 3

把下面的文字素材保存到本地计算机，再用 PS 打开，用移动工具拖进来，并调整好位置，如图 2-8-4 所示。

图 2-8-4　步骤 3 效果图

步骤 4

点击图层面板下面的 [添加图层样式] 按钮，设置图层样式，如图 2-8-5 所示。

（a）添加图层样式

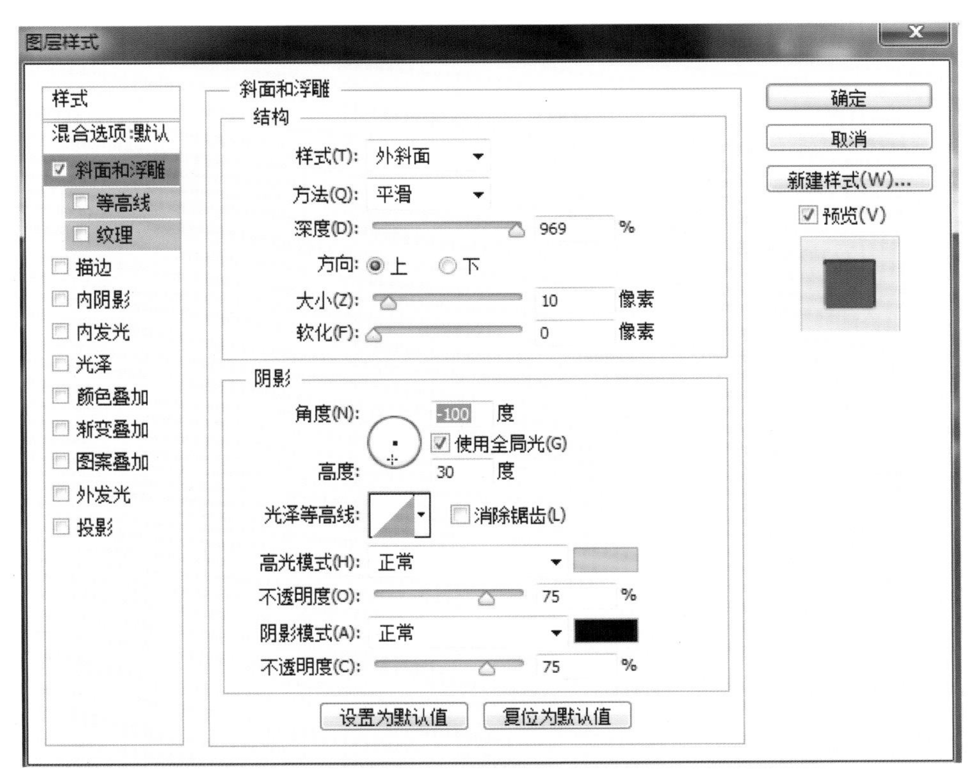

（b）设置斜面和浮雕参数

图 2-8-5　步骤 4 效果图

步骤 5

确定后把填充改为 0%，如图 2-8-6 所示。

图 2-8-6　步骤 5 效果图

步骤 6

下面来定义一款图案，打开素材 2，选择菜单 [编辑→定义图案]，命名后关闭素材。如图 2-8-7 所示。

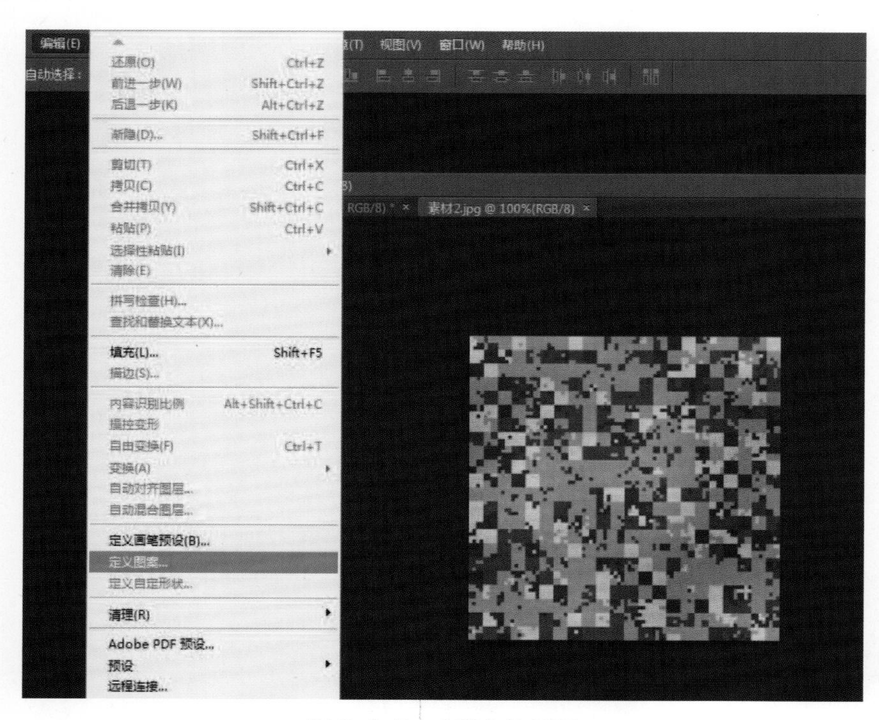

图 2-8-7　步骤 6 效果图

步骤 7

返回到文件，按 [Ctrl ＋ J] 把文字图层复制一层，如图 2-8-8 所示。

图 2-8-8　步骤 7 效果图

步骤 8

在文字副本缩略图后面的蓝色区域点击鼠标右键选择 [清除图层样式]，如图 2-8-9 所示。

图 2-8-9　步骤 8 效果图

步骤 9

用同样的方法给当前图层设置图层样式，如图 2-8-10 所示。

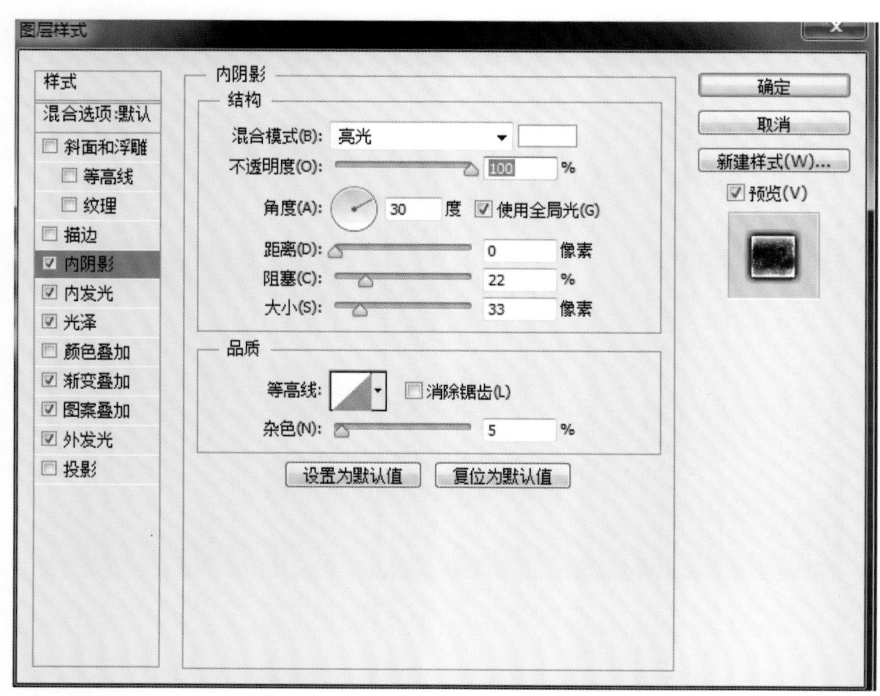

（a）设置内阴影

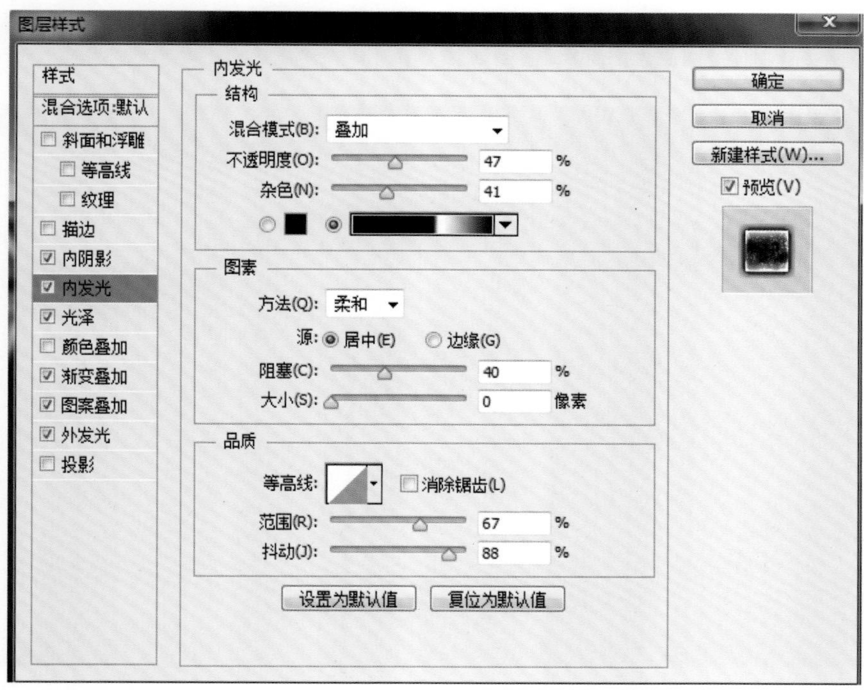

（b）设置内发光

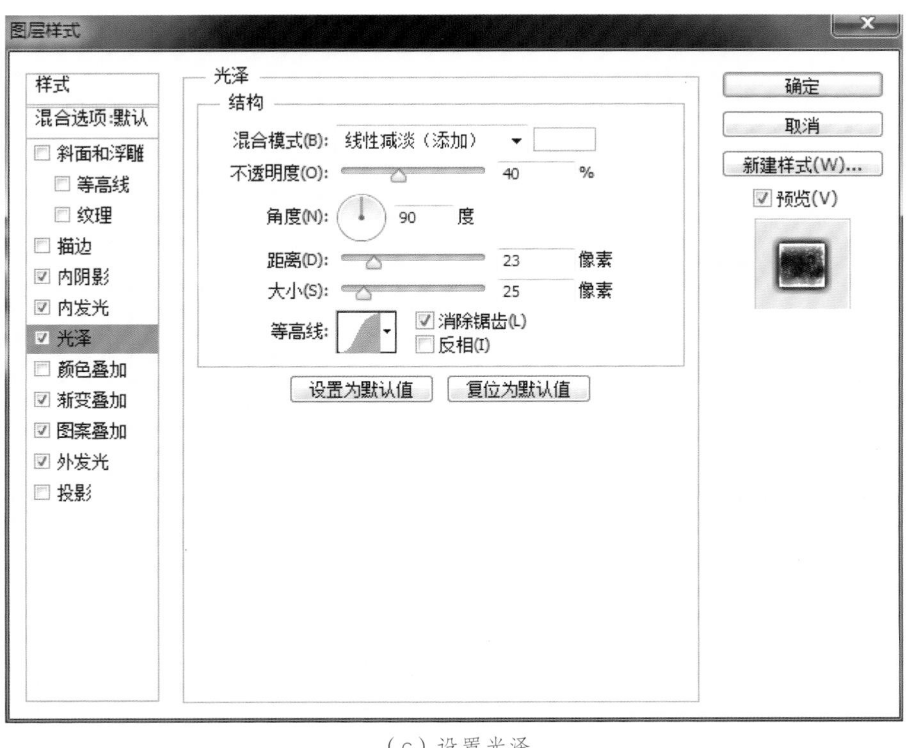

（c）设置光泽

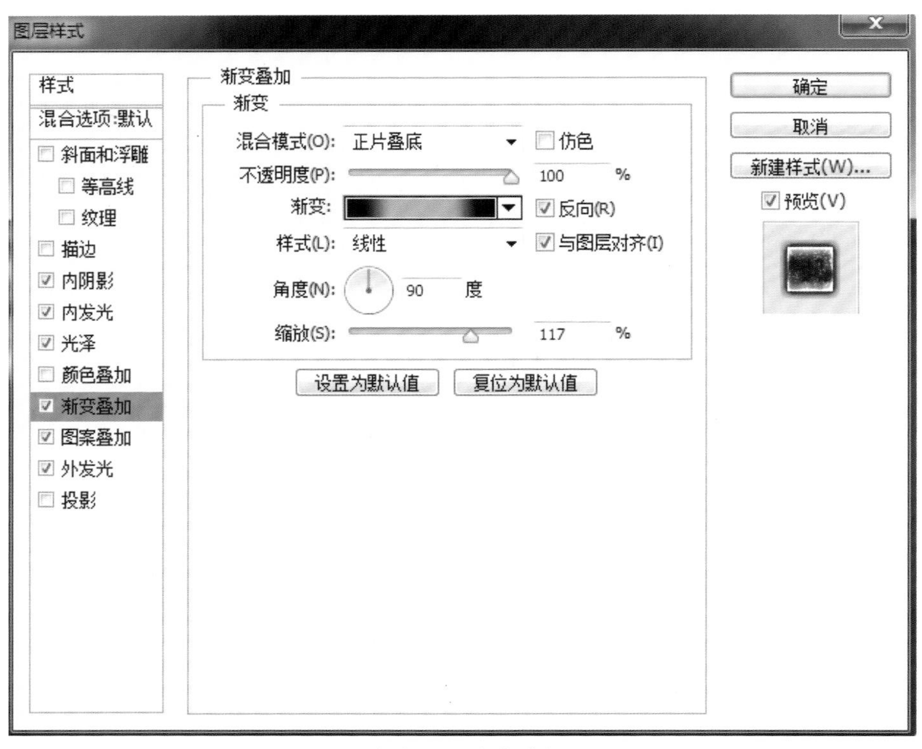

（d）设置渐变叠加

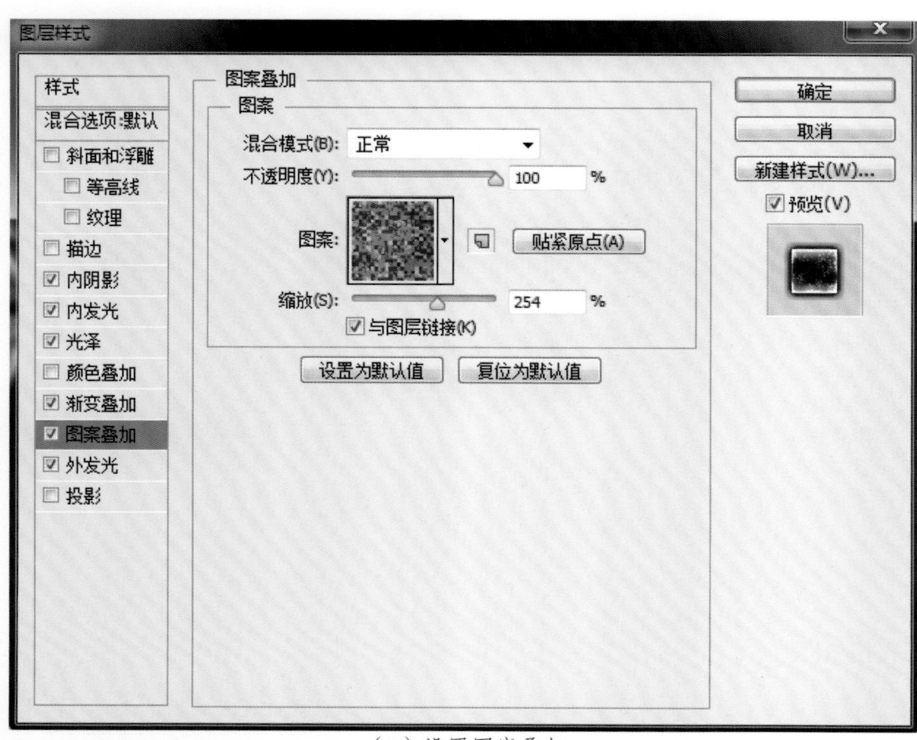

（e）设置图案叠加

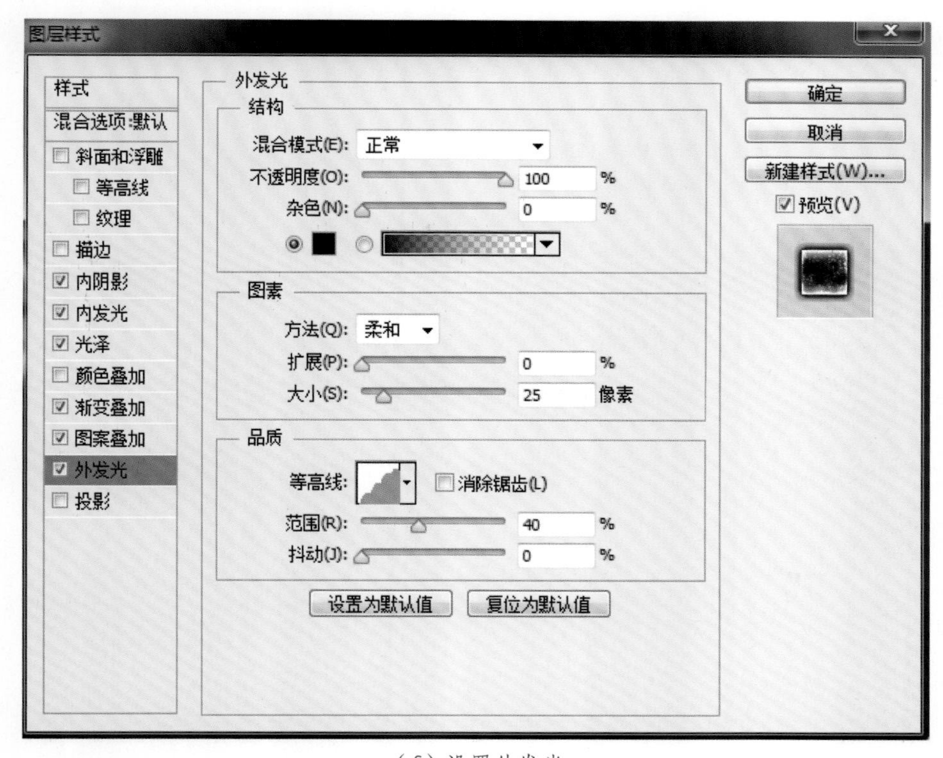

（f）设置外发光

图 2–8–10　步骤 9 效果图

步骤 10

点击确定后得到图 2-8-11 所示的效果。

图 2-8-11　步骤 10 效果图

步骤 11

按 [Ctrl ＋ J] 把当前文字图层复制一层，然后清除图层样式，效果如图 2-8-12 所示。

图 2-8-12　步骤 11 效果图

步骤 12

给当前文字图层设置图层样式，如图 2–8–13 所示。

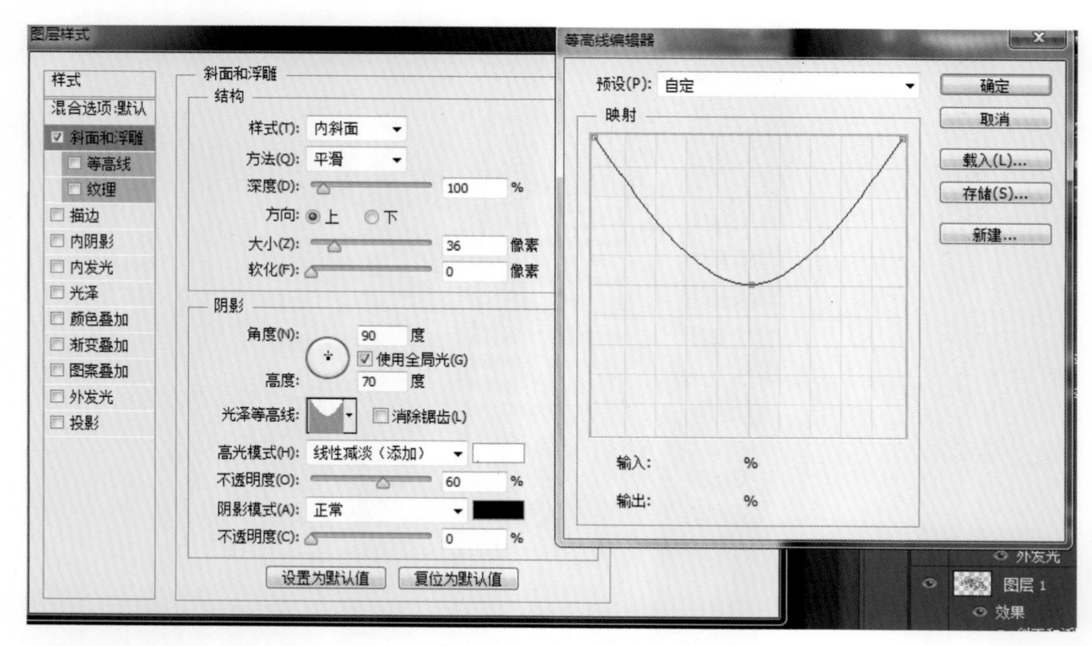

图 2–8–13　步骤 12 效果图

步骤 13

确定后把填充改为 0%，效果如图 2–8–14 所示。

图 2–8–14　步骤 13 效果图

步骤 14

按 [Ctrl + J] 把当前文字图层复制一层，然后清除图层样式，效果如图 2-8-15 所示。

图 2-8-15　步骤 14 效果图

步骤 15

给当前文字图层设置图层样式，如图 2-8-16 所示。

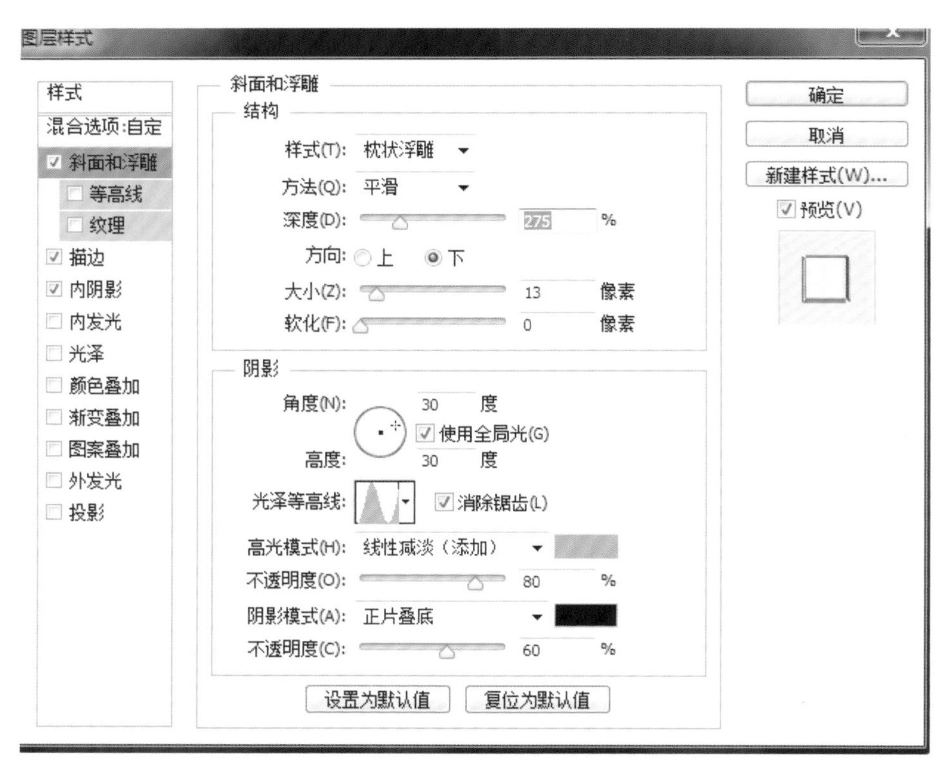

（a）设置斜面和浮雕

（b）设置描边

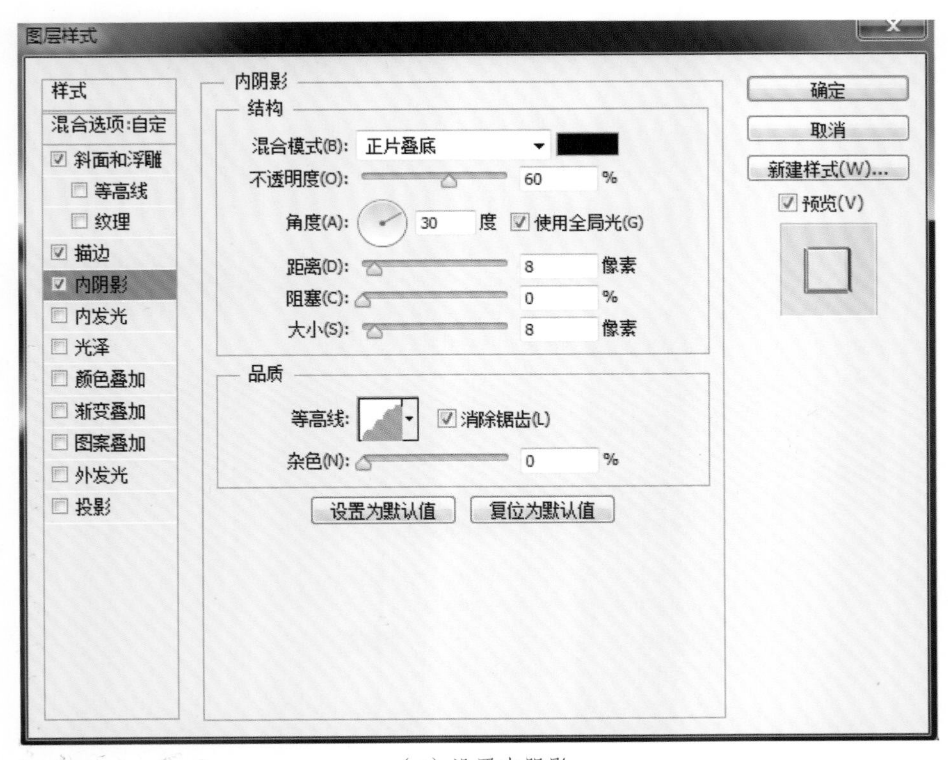

（c）设置内阴影

图 2–8–16　步骤 15 效果图

步骤 16

确定后把填充改为 0%，如图 2-8-17 所示。

图 2-8-17　步骤 16 效果图

案例 9　修饰图片

某素材图片有点逆光，阳光部分也还不够明显，处理的时候可以适当给图片增加暖色，同时需要把头发边缘增加透射高光，这样整体才更加自然。

步骤 1

打开素材图片，创建曲线调整图层，对 RGB，蓝通道进行调整，参数设置如图 2–9–1 所示。这一步稍微增加图片的亮度，并给图片增加蓝色。

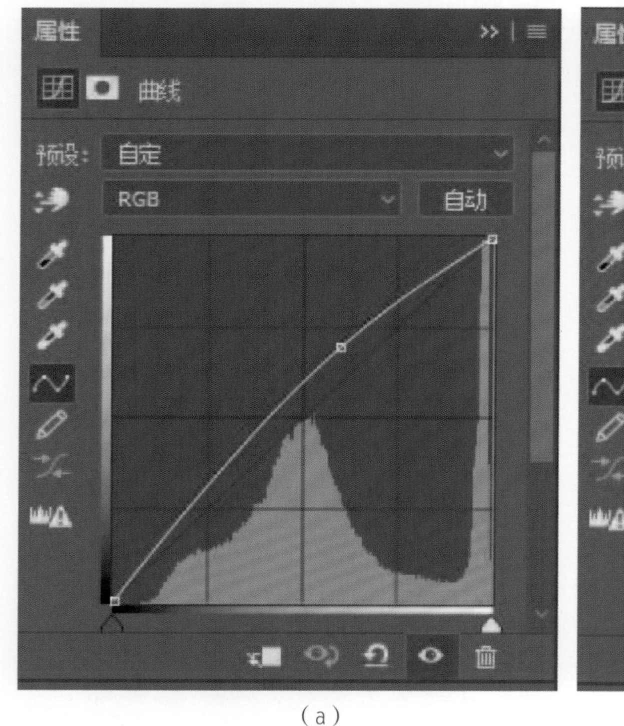

（a）

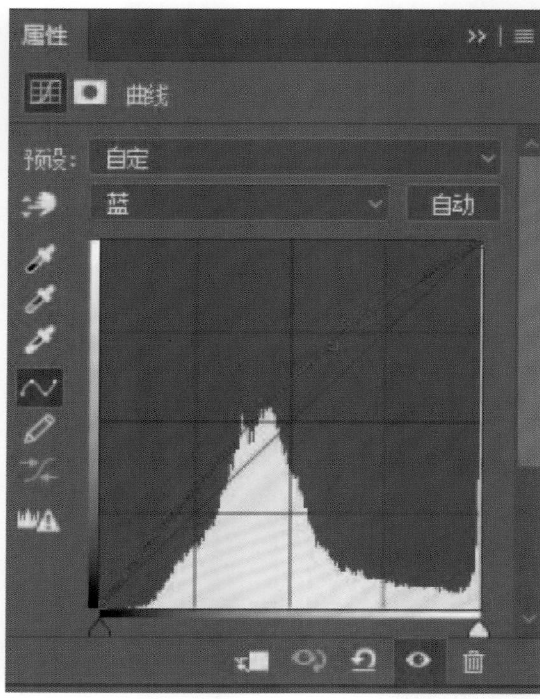

（b）

图 2–9–1　步骤 1 参数设置

效果如图 2–9–2 所示。

步骤 2

创建可选颜色调整图层，对黄、绿、青、中性色进行调整，参数设置如图 2–9–3 所示。这一步给背景部分增加黄绿色。

图 2–9–2　步骤 1 效果图

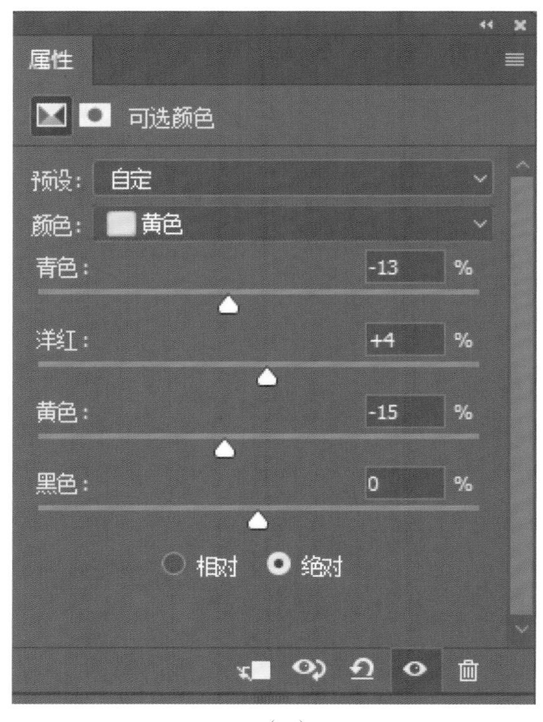

（a）

（b）

属性
可选颜色
预设：自定
颜色：青色
青色：-63 %
洋红：-14 %
黄色：+57 %
黑色：0 %
相对 绝对

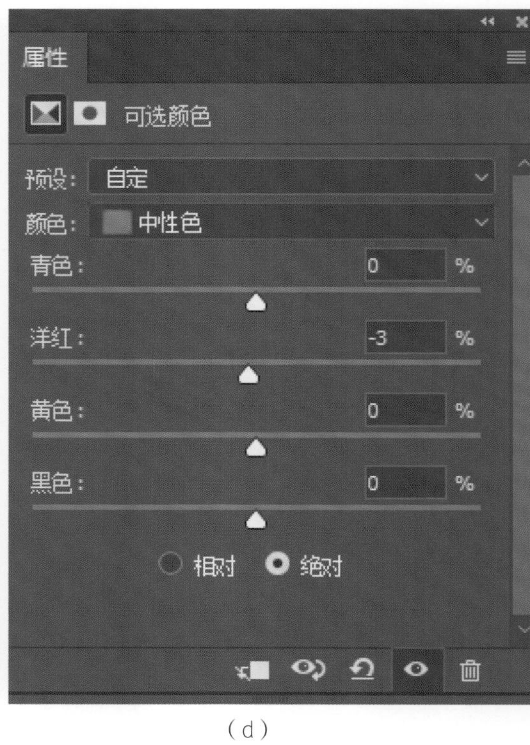

（c） （d）

图 2–9–3 步骤 2 参数设置

效果如图 2-9-4 所示。

图 2–9–4 步骤 2 效果图

步骤 3

把背景图层复制一层，按 [Ctrl + Shift +] 置顶，按住 [Alt] 键添加图层蒙版，用白色画笔把人物部分擦出来，效果如图 2-9-5 所示。

图 2-9-5　步骤 3 效果图

步骤 4

新建一个图层，按 [Ctrl + Alt + G] 创建剪贴蒙版，然后在当前图层下面新建一个图层，按 [Ctrl + Alt + Shift + E] 盖印图层，简单给人物磨一下皮，大致效果如图 2-9-6 所示。

图 2-9-6　步骤 4 效果图

步骤 5

创建曲线调整图层，对RGB进行调整，把全图稍微调亮一点，参数设置及效果如图2-9-7所示。

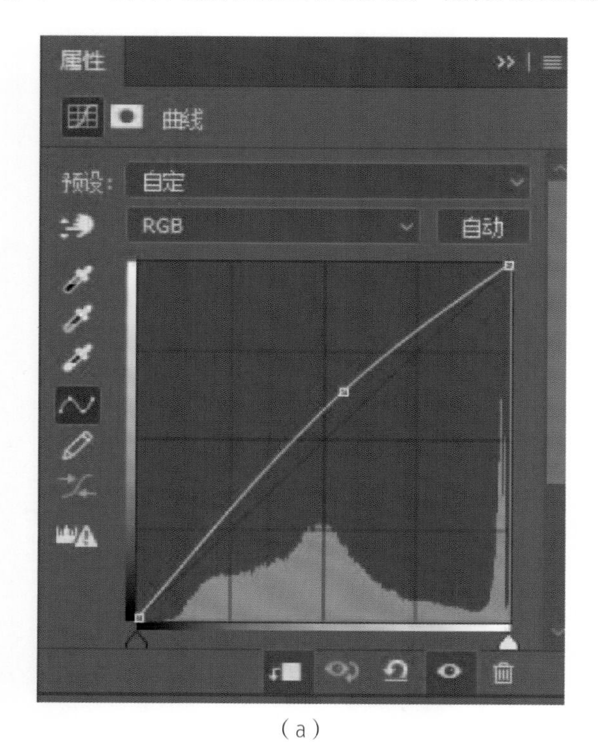

（a）

（b）

图 2-9-7　步骤 1 效果图

步骤 6

按 [Ctrl + Alt + 2] 调出高光选区，创建曲线调整图层，对 RGB、红、绿进行调整。这一步把人物的高光区域稍微调亮，如图 2-9-8 所示。

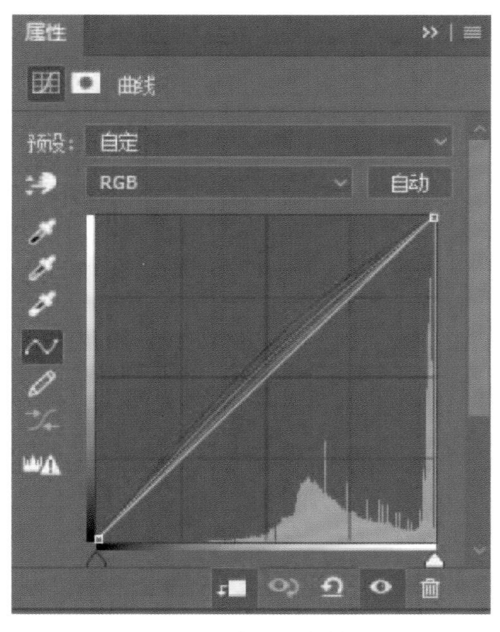

图 2-9-8　步骤 6 参数设置

效果如图 2-9-9 所示。

图 2-9-9　步骤 6 效果图

步骤 7

用套索工具把人物脸部选取出来，适当把选区羽化后创建曲线调整图层，稍微调亮一点，如图 2-9-10 所示。

图 2-9-10　步骤 7 效果图

步骤 8

创建可选颜色调整图层，对红、黄、白进行调整，参数设置如图 2-9-11 所示。这一步把肤色部分调红润。

（a）

（b）

（c）

图 2–9–11　步骤 8 参数设置

效果如图 2-9-12 所示。

图 2–9–12　步骤 8 效果图

步骤 9

创建色彩平衡调整图层，对中间调，高光进行调整，参数设置如图 2-9-13 所示。这一步同样微调肤色。

（a）　　　　（b）

图 2-9-13　步骤 9 参数设置

效果如图 2-9-14 所示。

图 2-9-14　步骤 9 效果图

步骤 10

创建亮度 / 对比度调整图层，适当增加亮度，确定后用黑色画笔把人物衣服等不需要增亮的部分擦出来，效果如图 2-9-15 所示。

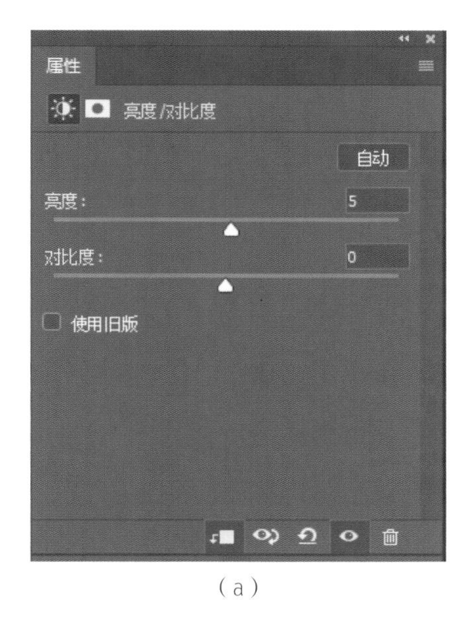

(a)

(b)

图 2-9-15　步骤 10 效果图

步骤 11

在图层的最上面创建色彩平衡调整图层，对阴影、中间调、高光进行调整，参数设置如图 2-9-16 所示。这一步给图片增加黄绿色。

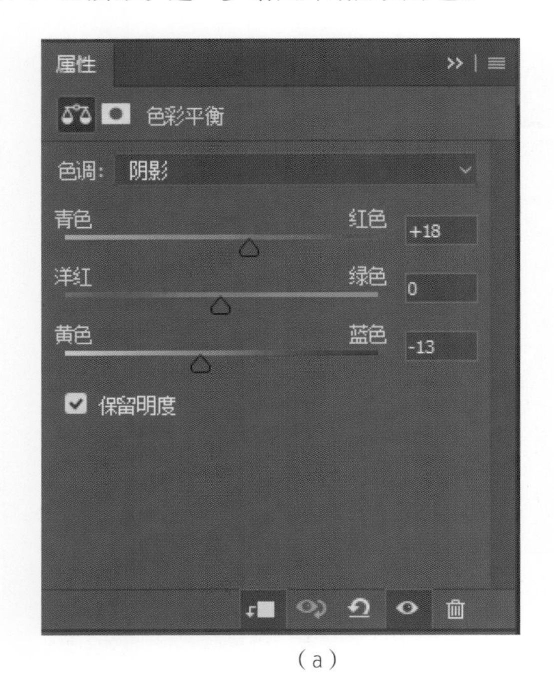

（a）

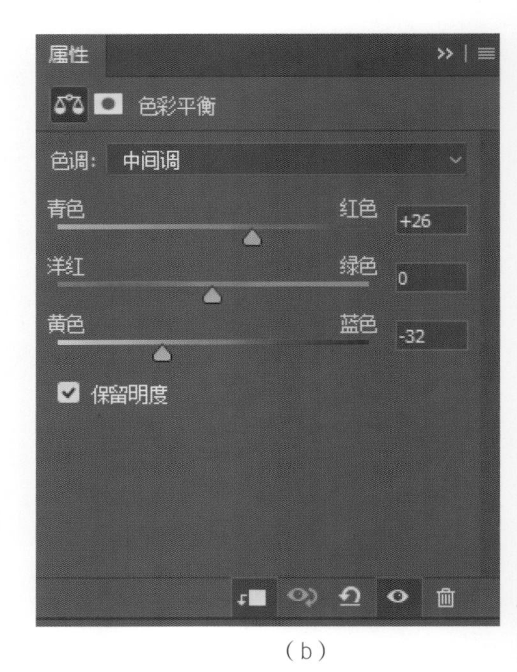

（b）

（c）

图 2-9-16　步骤 11 参数设置

效果如图 2-9-17 所示。

图 2-9-17　步骤 11 效果图

步骤 12

新建一个图层，混合模式改为“柔光”，把前景颜色设置为橙黄色色值：#ffdf58，用画笔把头发边缘需要在增加高光的部分涂出来，如图 2-9-18 所示。

图 2-9-18　步骤 12 效果图

步骤 13

按 [Ctrl + J] 把当前图层复制一层，效果如图 2-9-19 所示。

图 2-9-19　步骤 13 效果图

步骤 14

微调一下人物嘴唇颜色，再简单磨一下皮，大致效果如图 2-9-20 所示。

图 2-9-20　步骤 14 效果图

步骤 15

创建可选颜色调整图层，对红、黄、白进行调整，参数设置如图 2-9-21 所示。这一步把人物部分稍微调红润。

(a)

(b)

(c)

图 2-9-21 步骤 15 参数设置

效果如图 2-9-22 所示。

图 2-9-22　步骤 15 效果图

步骤 16

新建一个图层，混合模式改为“滤色”，把前景颜色设置为红褐色色值：#a6722c，用画笔把头发边缘增加一些高光，如图 2-9-23 所示。

图 2-9-23　步骤 16 效果图

本案例效果不明显。

案例 10　火焰抠图

案例要点：图层、通道的应用。

步骤 1

打开需要处理的图片，按快捷键 [Ctrl ＋ J] 复制背景层，得到图层 1，如图 2-10-1 所示。

图 2-10-1　步骤 1 效果图

步骤 2

转到通道，选红色通道，[Ctrl ＋ A] 全选，[Ctrl ＋ C] 复制，如图 2-10-2 所示。

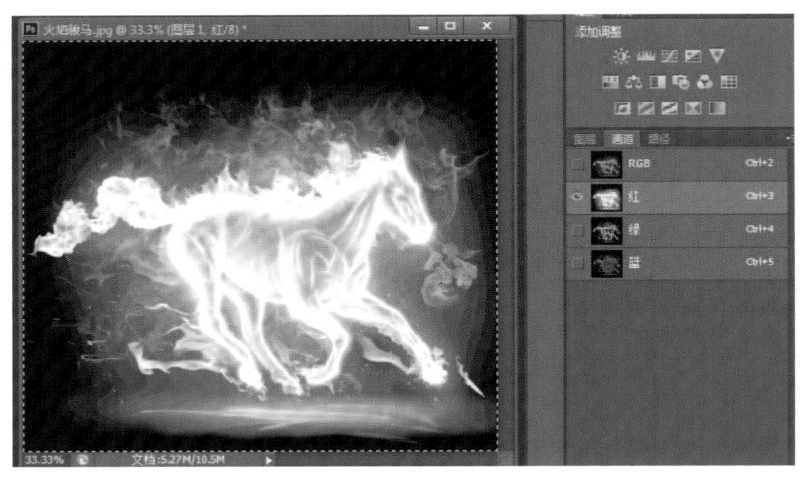

图 2-10-2　步骤 2 效果图

步骤 3

返回 RGB，返回到图层面板，给图层 1 添加图层蒙版，如图 2-10-3 所示。

图 2–10–3　步骤 3 效果图

步骤 4

按 [Alt] 键点击图层蒙版，这时画面变成白色的，如图 2-10-4 所示。

图 2–10–4　步骤 4 效果图

步骤 5

这时 [Ctrl + V] 粘贴复制的红色通道内容，得到如图 2-10-5 所示效果。

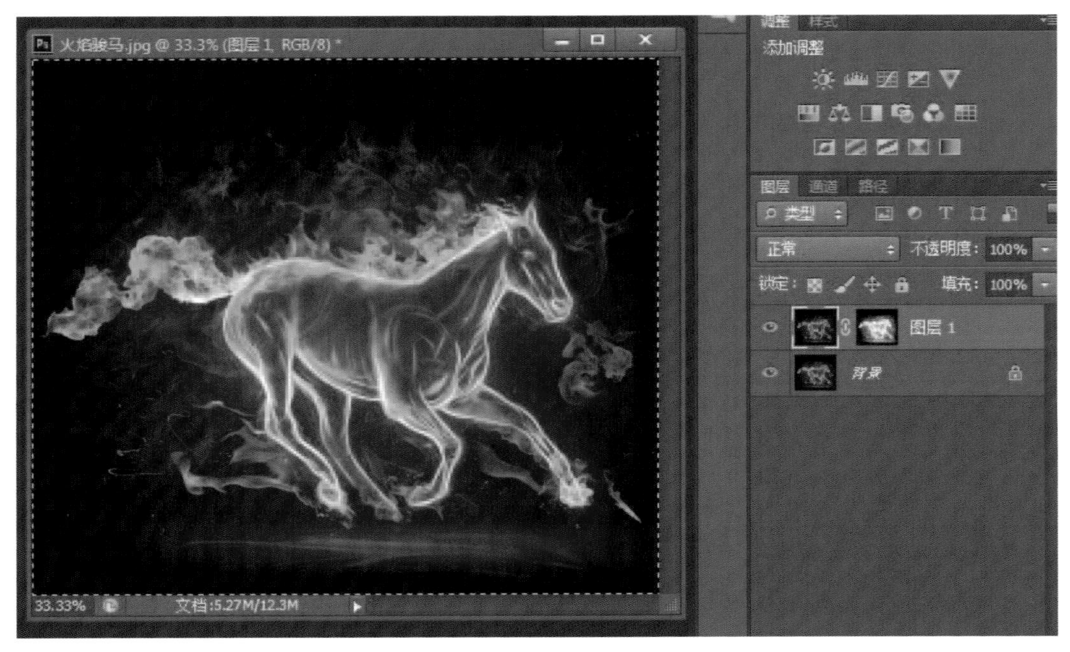

图 2-10-5　步骤 5 效果图

步骤 6

新建图层 2，给图层 2 填充 #093069 蓝色，得到如图 2-10-6 所示效果。

图 2-10-6　步骤 6 效果图

案例 11　非主流调色

蓝黄色在非主流调色中非常常见。调色方法因照片差异稍有区别。最快的方法就是用曲线中的蓝色通道调整，可以快速调出主色，后期再适当调整一下色彩层次及清晰度等即可。

步骤 1

打开照片，按 [Ctrl ＋ L] 创建色阶调整图，调整照片的清晰度，参数及效果如图 2-11-1 所示。

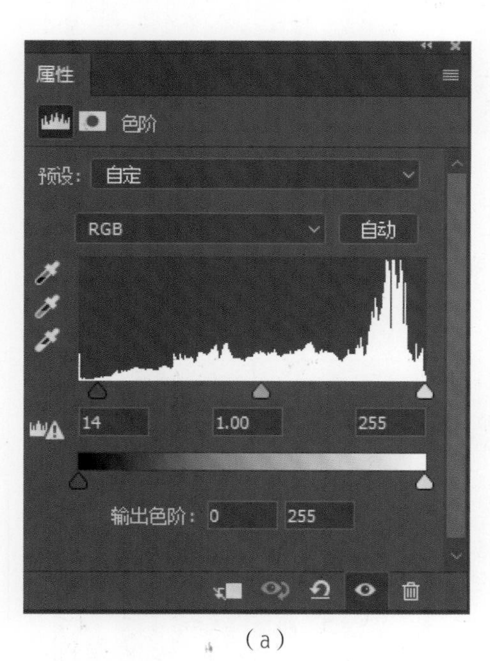

（a）

（b）

图 2-11-1　步骤 1 效果图

步骤 2

新建空白图层，并盖印空白图层，转换到通道面板，选择绿通道，按 [Ctrl ＋ A] 全选，[Ctrl ＋ C] 复制，转换到图层面板，[Ctrl ＋ V] 粘贴并设置图层的混合模式为滤色，图层不透明度为 35%，对人物进行简单的美白处理，效果如图 2-11-2 所示。

图 2-11-2　步骤 2 效果图

步骤 3

创建个黄色照片滤镜，加强图片整体的暖色调，效果如图 2-11-3 所示。

图 2-11-3　步骤 3 效果图

步骤 4

创建曲线调整图层，参数如图与效果如图 2-11-4 所示。

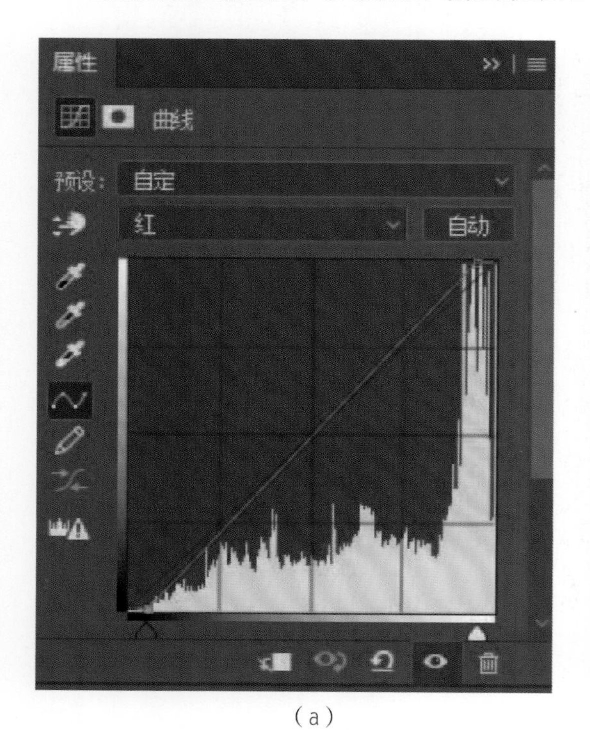

（a）

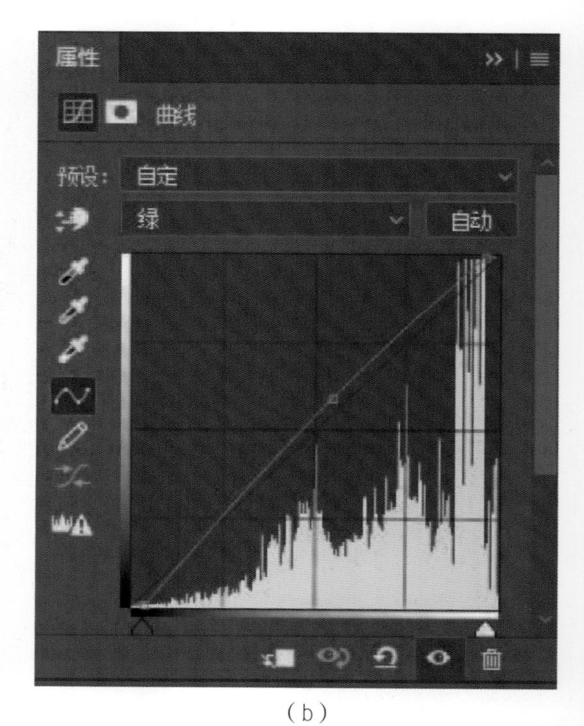

（b）

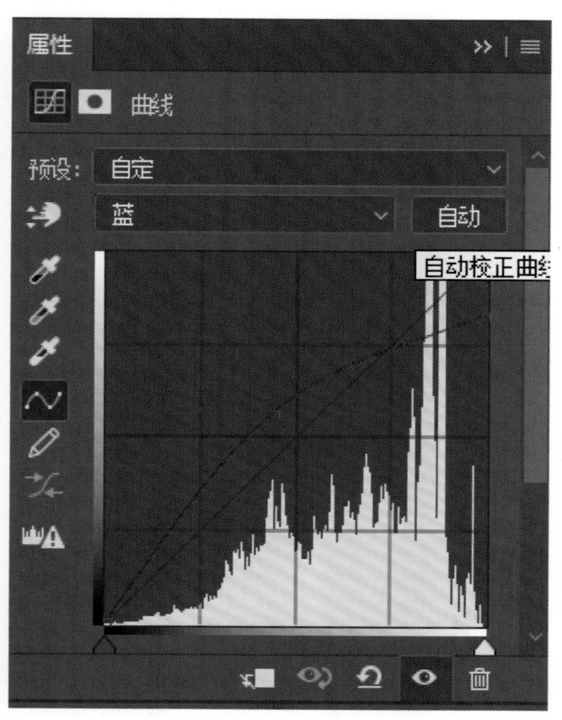

（c）

（d）

图 2–11–4　步骤 4 效果图

步骤 5

按 [Ctrl + J] 复制一层曲线调整图层，加强下效果，并用黑色画笔在图层蒙版上擦去人物脸部，效果如图 2–11–5 所示。

图 2–11–5　步骤 5 效果图

步骤 6

按 [Ctrl + J] 复制一层曲线调整图层，加强下效果，并用黑色画笔在图层蒙版上擦去人物脸部，效果如图 2-11-6 所示。

(a)

(b)

(c)

图 2-11-6 步骤 6 效果图

步骤 7

复制可选颜色调整图层，效果如图 2-11-7 所示。

图 2-11-7　步骤 7 效果图

步骤 8

为其制作暗角部分，效果如图 2-11-8 所示。

图 2-11-8　步骤 8 效果图

步骤 9

创建曲线调整图层，提亮照片的亮度，效果如图 2-12-9 所示。

图 2-11-9　步骤 9 效果图

步骤 10

新建空白图层，并填充黑色，执行 [滤镜→渲染→镜头光晕]，参数自定，设置图层的混合模式为滤色，为照片制作光斑，效果如图 2-11-10 所示。

图 2-11-10　步骤 10 效果图

步骤 11

对照片进行锐化，参数如图及如图 2-11-11 所示。

图 2-11-11　步骤 11 效果图

案例 12　模特换装

通过调换不同的图层混合模式达到为模特换装的效果，从而更好地理解图层混合模式的使用。

步骤 1

选择 [文件→打开] 菜单命令，打开模特素材，如图 2-12-1 所示。

新建(N)...	Ctrl+N
打开(O)...	Ctrl+O
在 Bridge 中浏览(B)...	Alt+Ctrl+O
打开为...	Alt+Shift+Ctrl+O
打开为智能对象...	
最近打开文件(T)	▸
关闭(C)	Ctrl+W
关闭全部	Alt+Ctrl+W
关闭并转到 Bridge...	Shift+Ctrl+W
存储(S)	Ctrl+S
存储为(A)...	Shift+Ctrl+S
恢复(V)	F12
导出(E)	▸
生成	▸
在 Behance 上共享(D)...	
搜索 Adobe Stock...	
置入嵌入对象(L)...	
置入链接的智能对象(K)...	
打包(G)...	
自动(U)	▸
脚本(R)	▸
导入(M)	▸
文件简介(F)...	Alt+Shift+Ctrl+I
打印(P)...	Ctrl+P
打印一份(Y)	Alt+Shift+Ctrl+P
退出(X)	Ctrl+Q

图 2-12-1　步骤 1 效果图

步骤 2

双击窗口空白处，打开素材衣服图案文件，如图 2-12-2 所示。

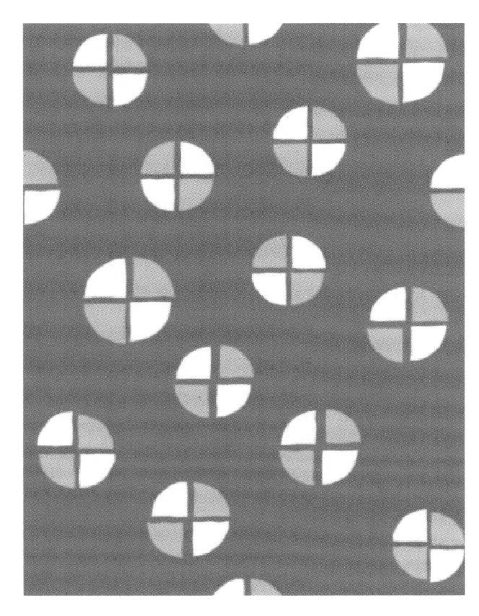

图 2-12-2　步骤 2 效果图

步骤 3

使用 [移动工具] 将素材衣服图案拖动到合成文件中，通过按 [Ctrl + T] 组合键调整图片的大小，并隐藏当前图层，如图 2-12-3 所示。

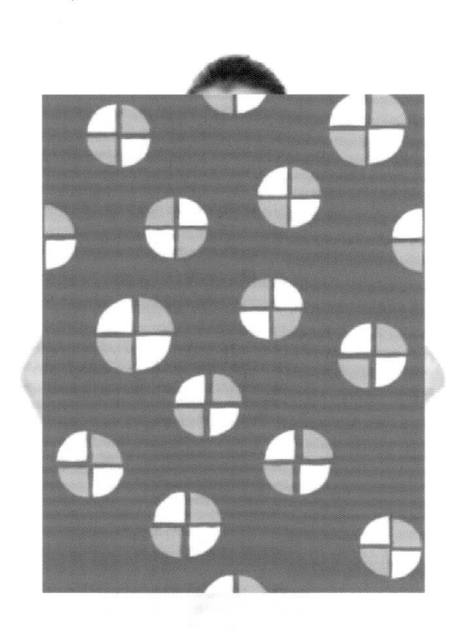

图 2-12-3　步骤 3 效果图

步骤 4

选择工具箱中“多边形套索工具”，将人物的衣服选中，如图 2-12-4 所示。

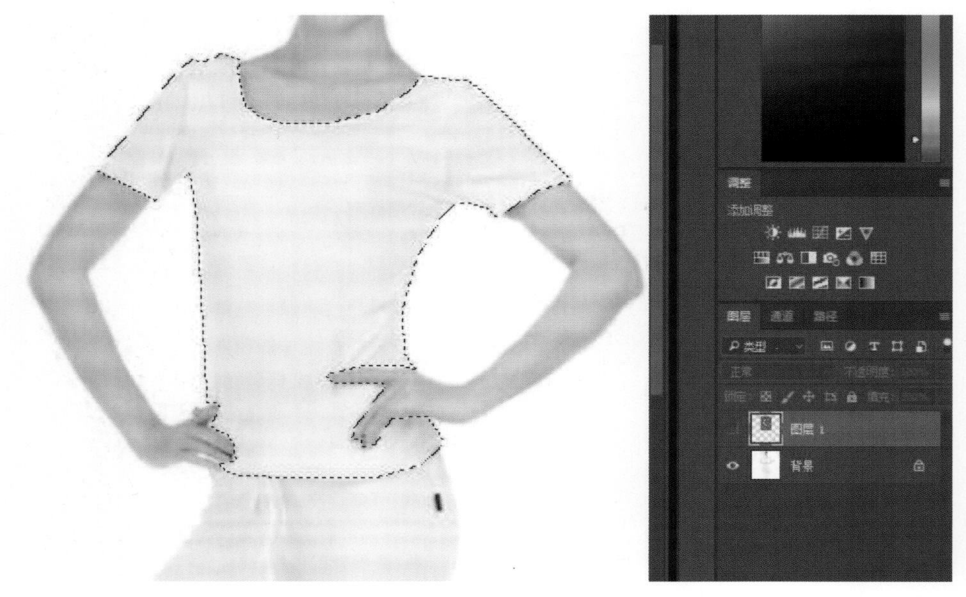

图 2-12-4　步骤 4 效果图

步骤 5

选择置入的衣服图案层为当前操作图层，单击“图层”面板上的“添加图层蒙版”按钮，如图 2-12-5 所示。

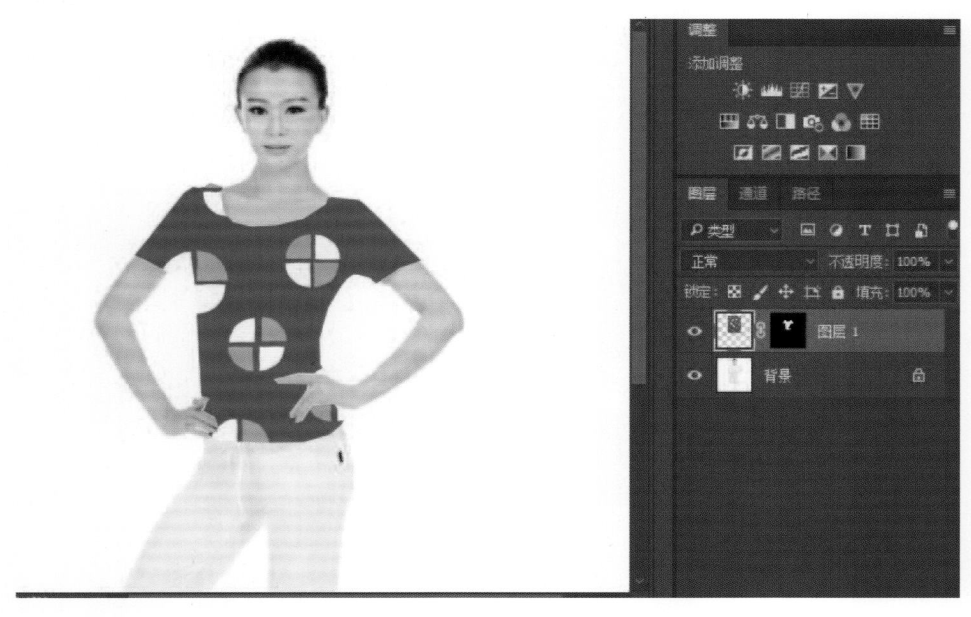

图 2-12-5　步骤 5 效果图

步骤 6

设置该图层的混合模式为“线性加深”，效果如图 2-12-6 所示。

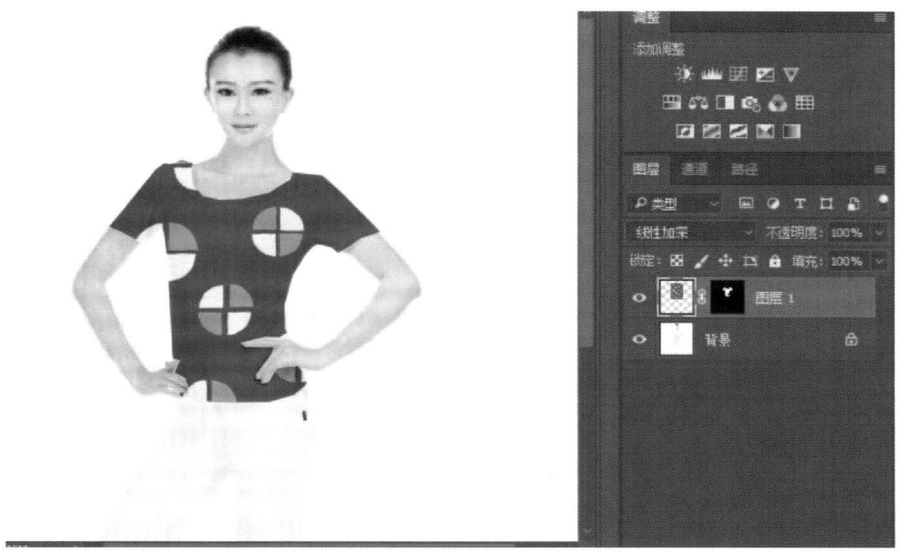

图 2-12-6　步骤 6 效果图

步骤 7

双击窗口空白处，打开素材裤子图案，如图 2-12-7 所示。

图 2-12-7　步骤 7 效果图

步骤 8

使用“移动工具”，将素材裤子图案拖动到合成图层中，按 [Ctrl + T] 组合键调整图片的大小，如图 2-12-8 所示。

图 2-12-8　步骤 8 效果图

步骤 9

选择工具箱中“多边形套索工具”，将人物的裤子选中，如图 2-12-9 所示，并隐藏该图层。

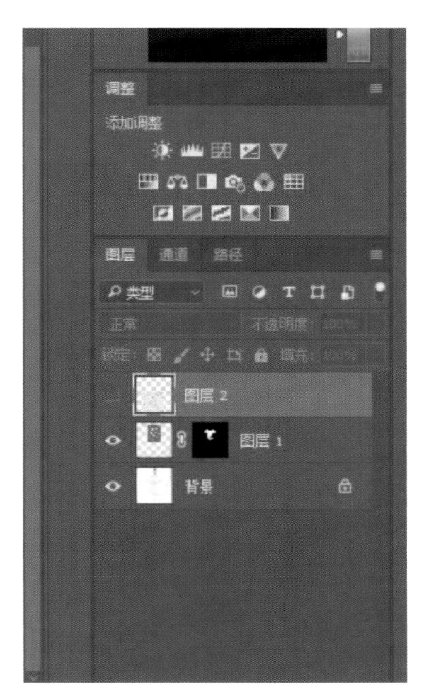

图 2-12-9　步骤 9 效果图

步骤 10

显示裤子图层，选择刚置入的裤子图案层为当前操作图层，单击 [图层] 面板上的 [添加图层蒙版] 按钮，如图 2-12-10 所示。

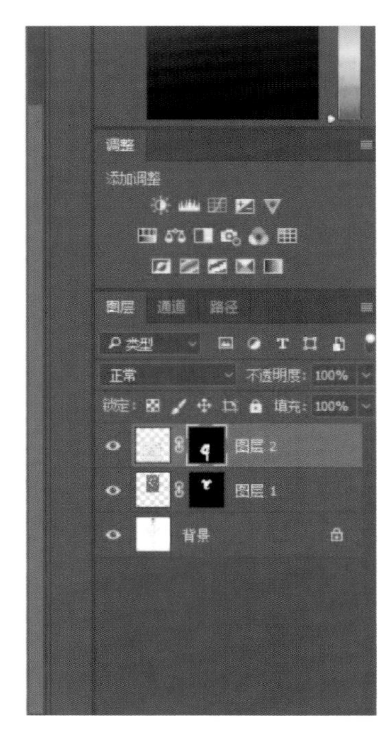

图 2-12-10　步骤 10 效果图

步骤 11

设置该图层的混合模式为“线性加深”，效果如图 2-12-11 所示。

图 2-12-11　步骤 11 效果图

案例 13　制作杯子花纹

本案例使用“变形”命令制作杯子的花纹，从属性栏中的变形样式下拉列表中选择一种变形样式，或者选择“自定”选项，然后拖动网格的控制点、线条或区域，便可更改外框和网格的形状。

步骤 1

打开PS软件，按下[Ctrl + O]组合键，打开素材文件夹中的杯子与风景图片，如图2-13-1所示。

图 2-13-1　步骤 1 效果图

步骤 2

使用“移动工具”，将风景素材拖动到杯子图层中。按[Ctrl + T]组合键显示定界框，在图像上单击右键，在打开的快捷菜单中选择“变形”命令，此时显示变形风格，如图2-13-2所示。

（a）

（b）

图 2–13–2　步骤 2 效果图

步骤 3

将上面两个角的锚点拖到杯体的边缘，使之与边缘对齐，然后拖动第 2 行两侧的锚点，调整第 1 行和第 2 行后的效果，如图 2–13–3 所示。

（a）

（b）
图 2–13–3　步骤 3 效果图

步骤 4

拖动第 3 行两个角的锚点至图中的位置，然后调整第 4 行的锚点，使图案与杯体的形状一致，调整第 3 行和第 4 行后的效果如图 2–13–4 所示。

图 2–13–4　步骤 4 效果图

步骤 5

按回车键（Enter）确认变形操作，打开“图层”面板，在“图层”面板中将“图层 1”的混合模式设置为“颜色加深”。设置混合模式的前后效果如图 2-13-5 所示。

（a）设置混合模式前

（b）设置混合模式后

图 2-13-5　步骤 5 效果图

步骤 6

单击“图层”面板底部的蒙版按钮，为“图层 2”添加蒙版，使用“画笔工具”在杯子边缘中的贴图上涂抹黑色，用蒙版将其遮盖，使图案的边缘变得柔和，得到最终效果，如图 2-13-6 所示。

图 2-13-6　步骤 6 效果图

案例 14　水晶球中的海洋立体景观

本案例主要介绍水晶球体的制作以及一些简单的溶图技巧。最后运用一些滤镜来制作类似水晶球的效果，然后把自己想要的图片装到水晶球里面。

步骤 1

打开图 2-14-1 所示的风景图片，选择椭圆选框工具，设置羽化为 1 像素，按住 [Shift] 键在适当位置画一个正圆，然后按 2 次 [Ctrl ＋ J] 复制 2 个圆形。

图 2-14-1　步骤 1 效果图

步骤 2

隐藏图层 1 副本，选择图层 1，按住 [Ctrl] 键并单击图层 1 激活选区。执行 [滤镜→扭曲→球面化]，数量：100%，按 [Ctrl ＋ F] 再执行一层，做出球面的效果，如图 2-14-2 所示。

步骤 3

不要取消选区，单击选择 [图层 1 副本]，执行 [滤镜→扭曲→旋转扭曲]，角度为 999，效果如图 2-14-3 所示。

图 2–14–2　步骤 2 效果图

图 2–14–3　步骤 3 效果图

步骤 4

执行 [选择→修改→收缩]，数值为 15，再执行 [选择→羽化]，数值为 10，然后按 Delete 删除选区部分，如图 2-14-4 所示。

图 2–14–4　步骤 4 效果图

步骤 5

按 [Ctrl + M] 调整曲线，提高“图层 1 副本”的亮度，参数设置如图 2–14–5 所示，然后用橡皮工具（大小为 35 左右，不透明度为：15% 左右），将图层 1 球体的边缘擦一下，使水晶球边缘看上去柔和一些，如图 2–14–5 所示。

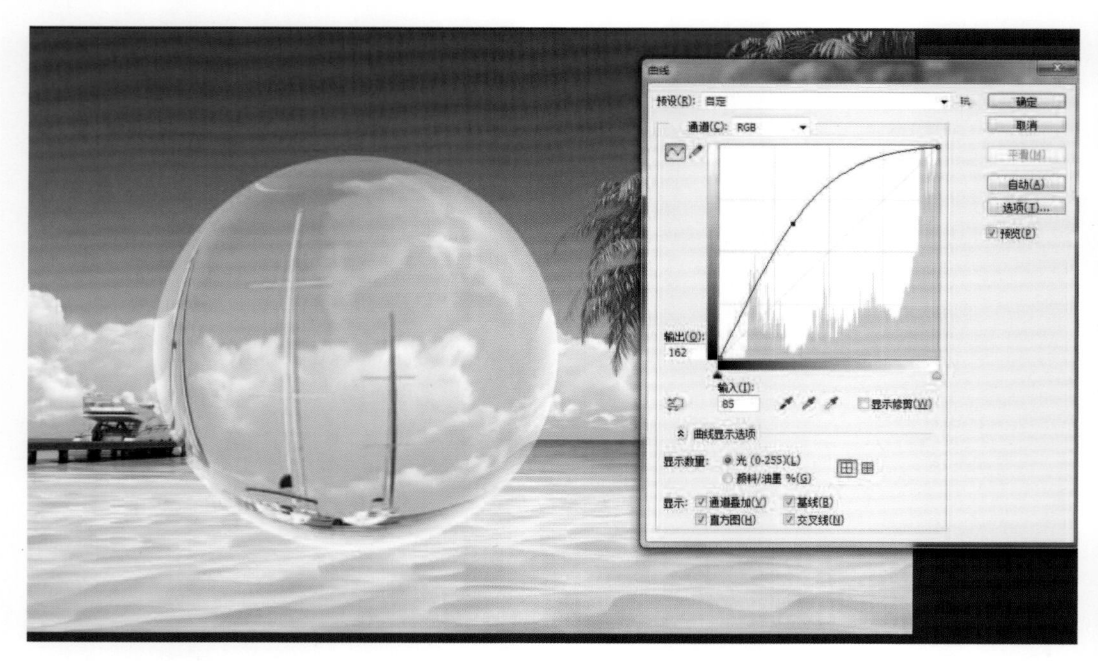

图 2–14–5　步骤 5 效果图

步骤 6

打开图 2-14-6 所示的素材。

图 2-14-6　步骤 6 效果图

步骤 7

选择椭圆选框工具，羽化值为 10，同样按住 [Shift] 键选取对象，然后用移动工具将选区直接拖动到背景图片中，并调整到合适位置，缩放到合适大小，如图 2-14-7 所示。

图 2-14-7　步骤 7 效果图

步骤 8

调整图层 2 的不透明度为 75%，然后为它添加图层蒙版，选择橡皮工具，与步骤 5 同样的设置，将图片修整一下，使它看起来与水晶球自然地融合在一起，如图 2-14-8 所示。

图 2-14-8　步骤 8 效果图

步骤 9

用圆角矩形工具，画出略小于图片的选区，按 [Ctrl + Enter] 激活选区，按 [Ctrl + Shift + I] 反选，按字母 [Q] 键加上快速蒙版，执行 [滤镜→扭曲→波浪]，参数设置如图 2-14-9 所示。

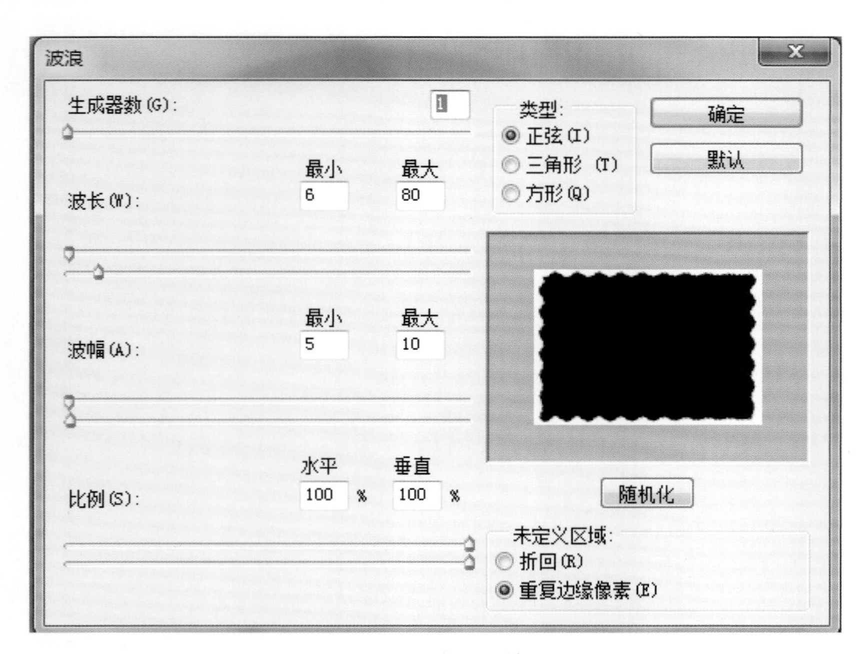

图 2-14-9　步骤 9 效果图

步骤 10

执行 [滤镜→像素化→碎片]2 次，再执行 [滤镜→锐化→锐化]，然后按字母 [Q] 退出快速蒙版，如图 2-14-10 所示。

图 2-14-10　步骤 10 效果图

步骤 11

选择一个喜欢的颜色进行填充，取消选区后，完成最终效果，如图 2-14-11 所示。

图 2-14-11　步骤 11 效果图

案例 15　冰雪字体

案例要点：主要用到滤镜，风吹效果及晶格化等 PS 基础内容，制作完成效果如图 2-15-1 所示。

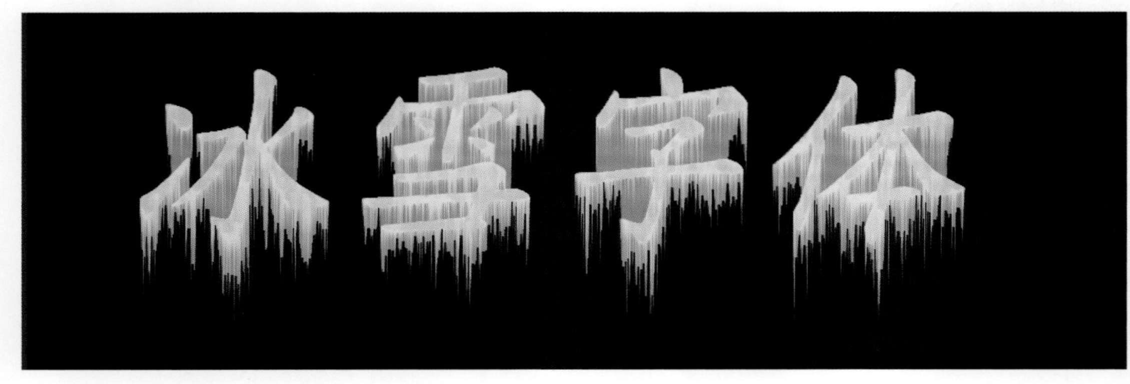

图 2-15-1　冰雪字体效果

步骤 1

新建一个文档，宽为 1 042 px，高为 768 px，背景为白色，颜色模式为 RGB，如图 2-15-2 所示。

新建

名称(N): 未标题-1

预设(P): 自定

大小(I):

宽度(W): 1042 像素

高度(H): 768 像素

分辨率(R): 72 像素/英寸

颜色模式(M): RGB 颜色 8 位

背景内容(C): 白色

高级

确定

取消

存储预设(S)...

删除预设(D)...

图像大小:

2.29M

图 2-15-2　步骤 1 效果图

步骤 2

选择文字工具，输入文字，大小内容自定，颜色为黑色，效果如图 2-15-3 所示。

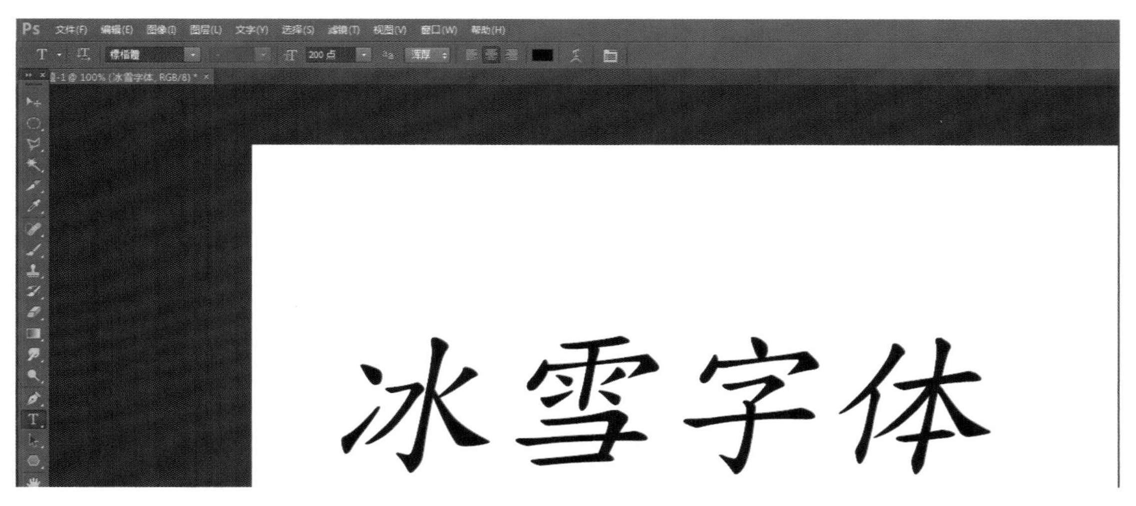

图 2-15-3　步骤 2 效果图

步骤 3

右键点击文字图层，栅格化文字，如图 2-15-4 所示。

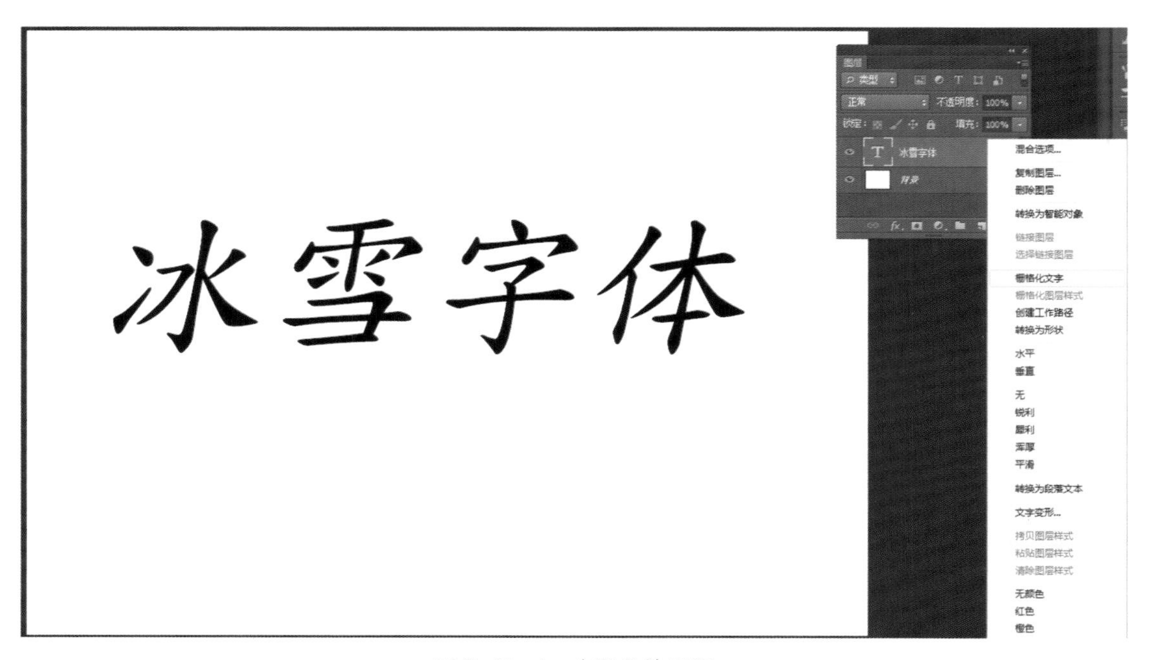

图 2-15-4　步骤 3 效果图

步骤 4

点选文字图层缩略图，载入文字选区，如图 2-15-5 所示。

冰雪字体

图 2-15-5　步骤 4 效果图

步骤 5

向下合并图层（或者按快捷键 Ctrl + E），如图 2-15-6 所示。

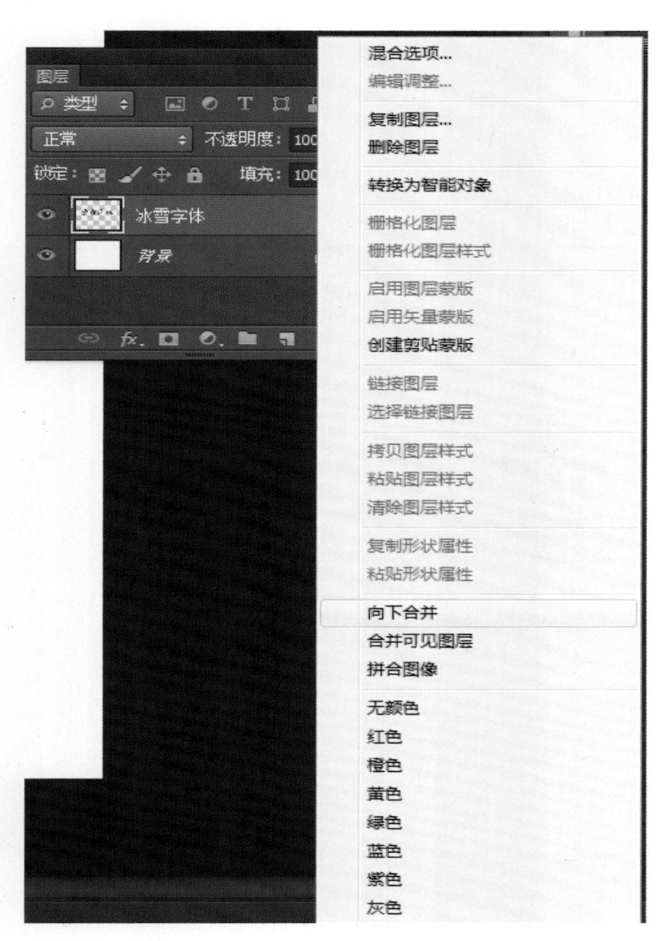

图 2-15-6　步骤 5 效果图

步骤 6

执行菜单 [选择→反向]，然后再执行 [滤镜→像素化→晶格化]，设置参数如图 2-15-7 所示。

图 2-15-7　步骤 6 效果图

步骤 7

执行菜单 [选择→反向]。然后再选择 [滤镜→杂色→添加杂色]，参数如图 2-15-8 所示。

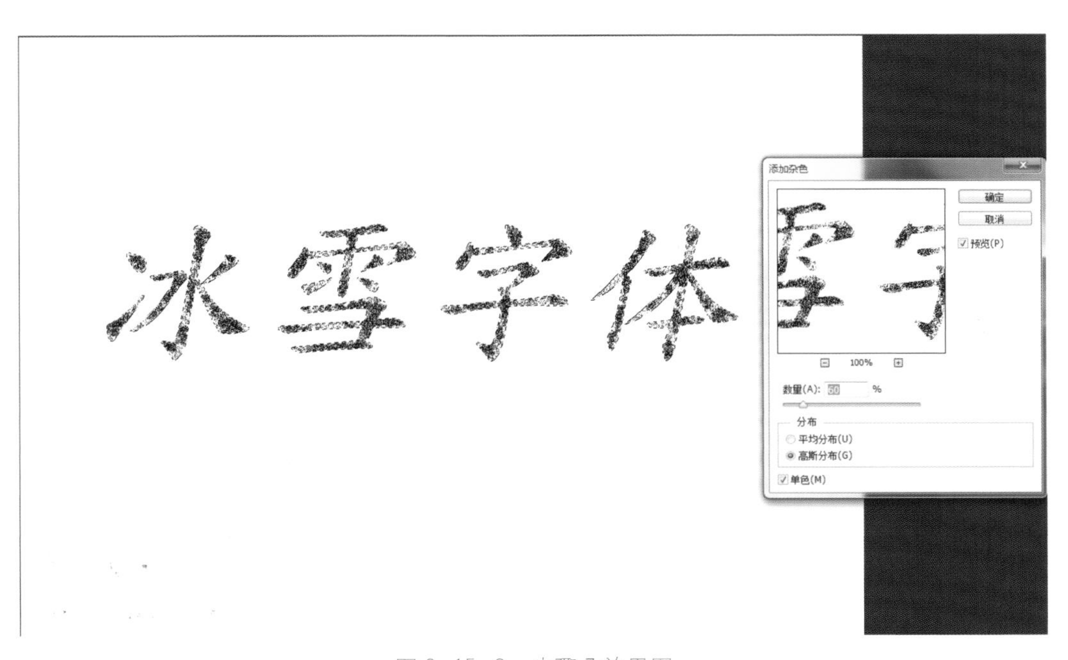

图 2-15-8　步骤 7 效果图

步骤 8

再执行][滤镜→模糊→高斯模糊]，如图 2-15-9 所示。

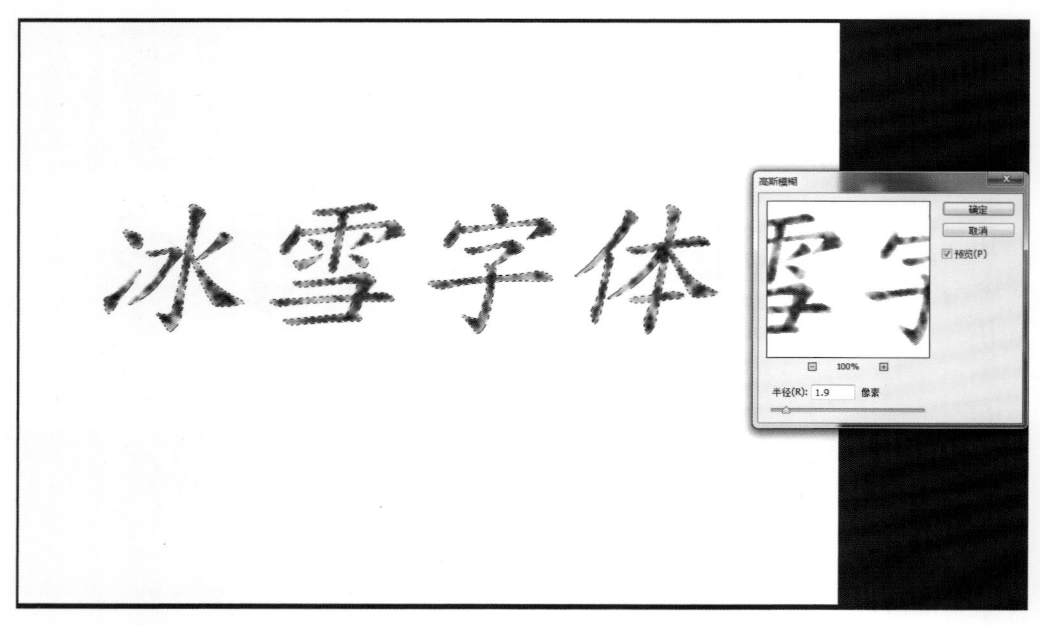

图 2-15-9　步骤 8 效果图

步骤 9

执行 [图像→调整→曲线]，参数设置如图 2-15-10 所示。然后 [Ctrl ＋ D] 取消选择。

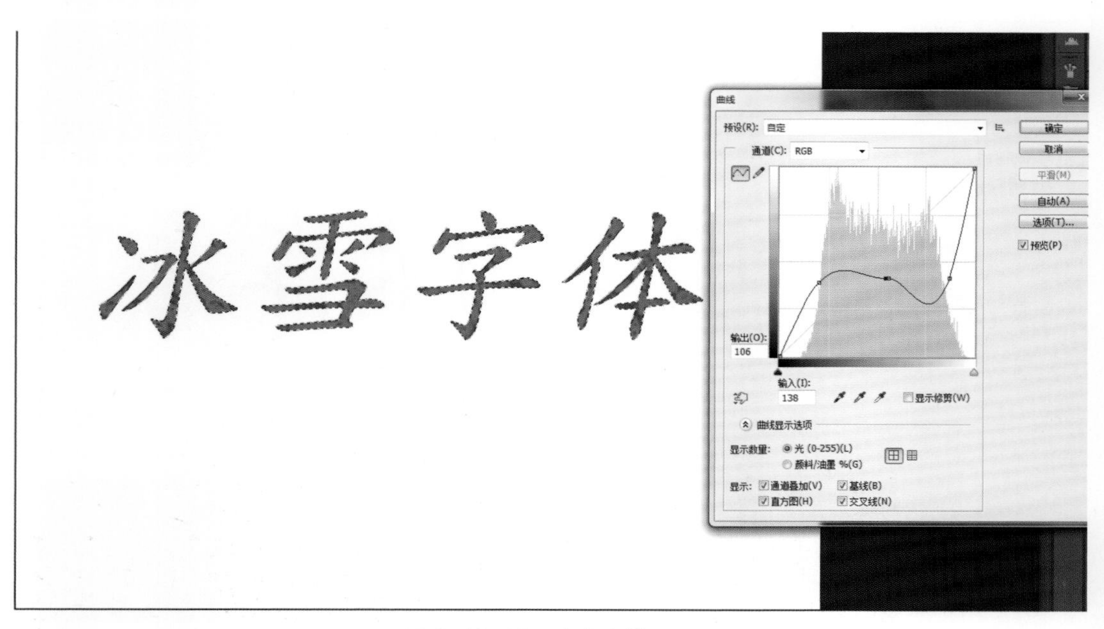

图 2-15-10　步骤 9 效果图

步骤 10

再执行 [图像→调整→反相]，如图 2-15-11 所示。

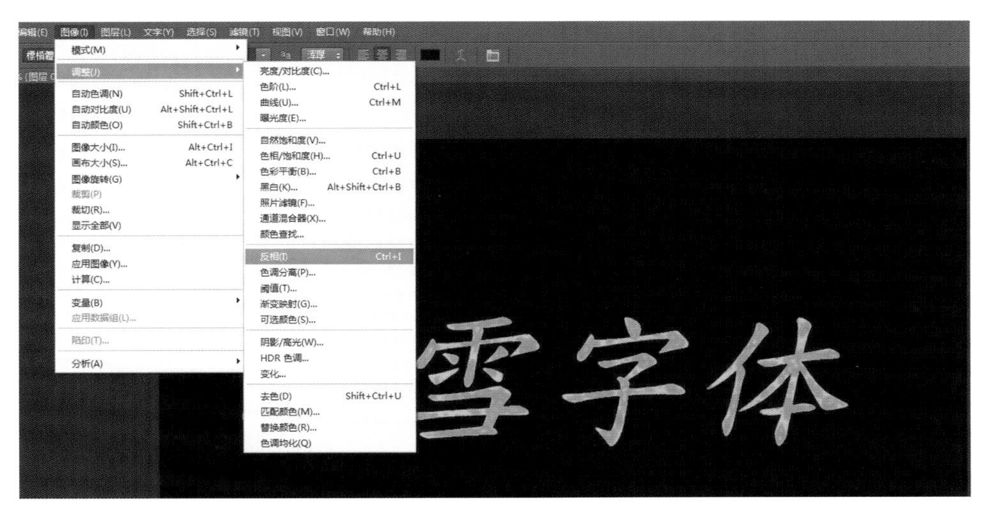

图 2-15-11 步骤 10 效果图

步骤 11

执行 [图像→旋转图像→ 90° 顺时针旋转]，然后执行 [滤镜→风格化→风]，重复执行两次，效果如图 2-15-12 所示。

图 2-15-12 步骤 11 效果图

步骤 12

然后执行 [图像→旋转图像→ 90° 逆时针旋转]，如图 2-15-13 所示。

图 2-15-13 步骤 12 效果图

步骤 13

执行 [图像→调整→色相 / 饱和度]。记得勾选 [着色]。参数如图 2-15-14 所示

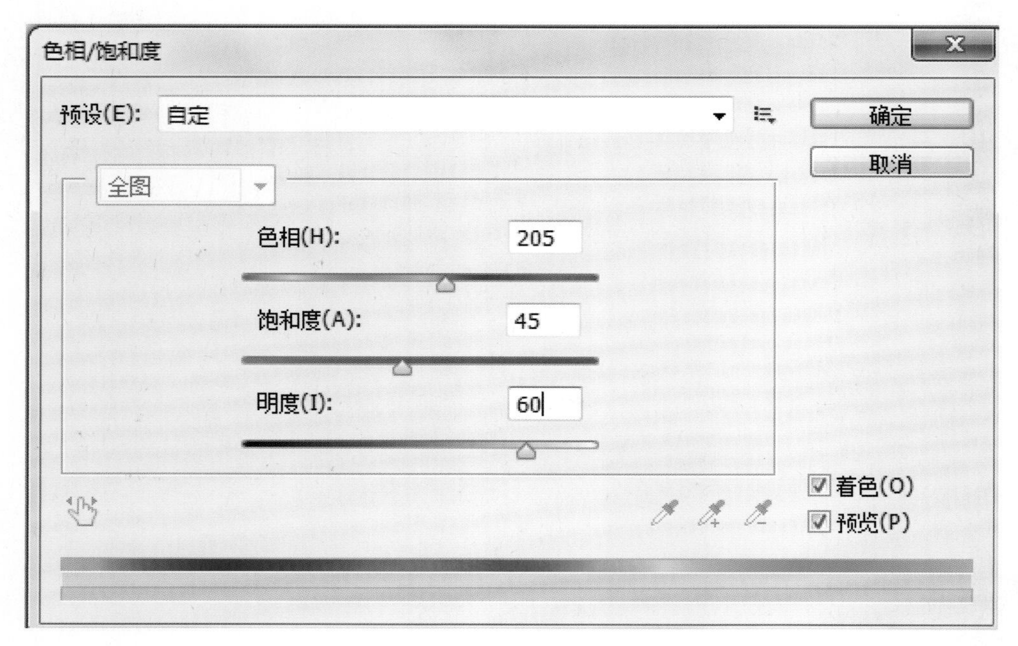

图 2—15—14　步骤 13 效果图

步骤 14

用魔术棒选择背景色效果，如图 2-15-15 所示。

图 2—15—15　步骤 14 效果图

步骤 15

删除选择背景色，然后填充黑色，效果如图 2-15-16 所示。

图 2–15–16　步骤 15 效果图

步骤 16

按 [Ctrl ＋ D] 取消选区，最终效果如图 2–15–17 所示。

图 2–15–17　步骤 16 效果图

案例 16　人像磨皮

图 2-16-1 人像磨皮是一个经常被使用却没不一定能用好的东西，一般通过修补工具再配合高斯模糊等工具处理，但容易把人物的脸部搞得像陶瓷一样光滑，使细节丢失得很严重，本案例通过详细步骤展示一种较简单的磨皮，同时不失人物皮肤质感。

步骤 1

导入图像，复制图层，并用修补工具对面部去除明显瑕疵，如图 2-16-1 所示。

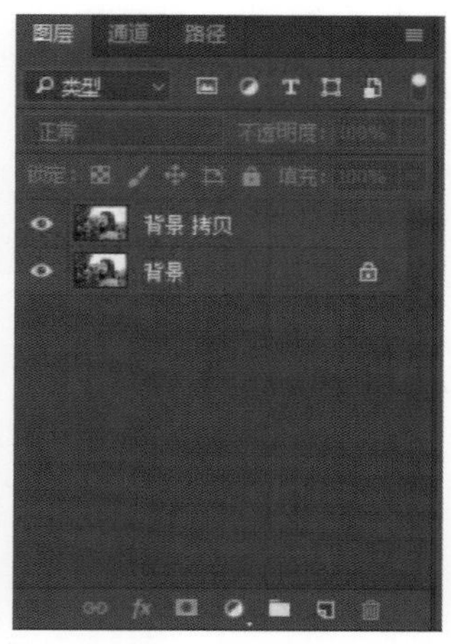

（a）

（b）

图 2-16-1　步骤 1 效果图

步骤 2

将去瑕疵的图层再次复制，并选择蓝色通道，执行高反差保留。数值要根据情况而定（最好是 3 的倍数），最大程度凸显毛孔和粗糙的地方，但轮廓线不要过于明显，如图 2-16-2 所示。

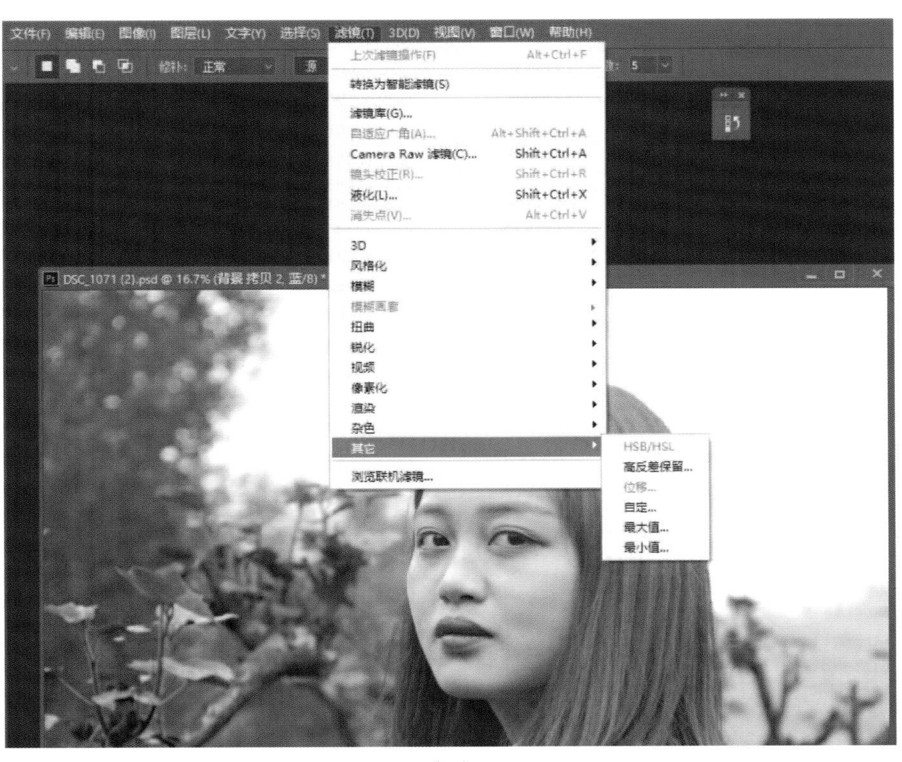

(a)

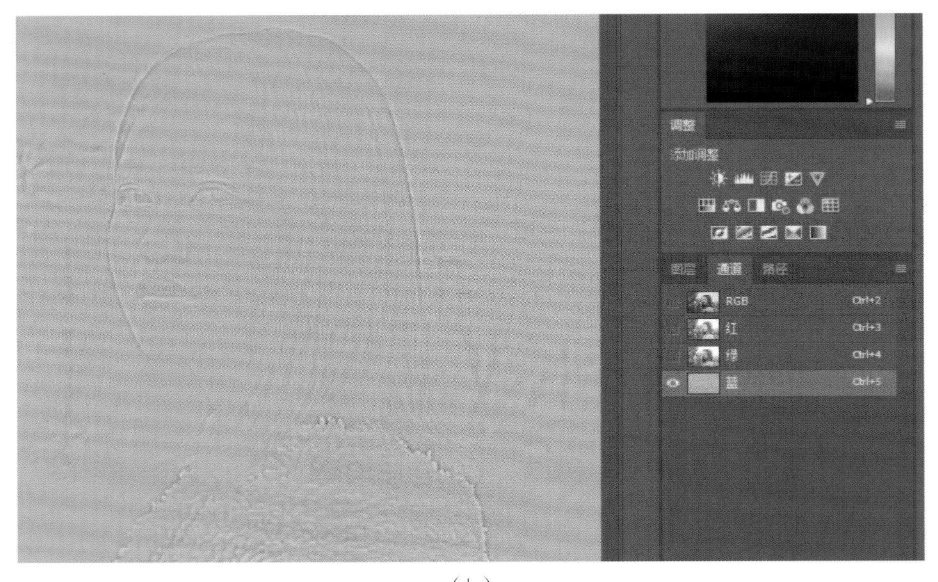

(b)

图 2-16-2　步骤 2 效果图

步骤 3

执行 [图像→计算]，设置参数，然后再重复进行两次操作。第二次计算是要对新产生的 alpha1 通道进行计算，第三次是对新产生的 alpha2 进行计算，如图 2-16-3 所示。

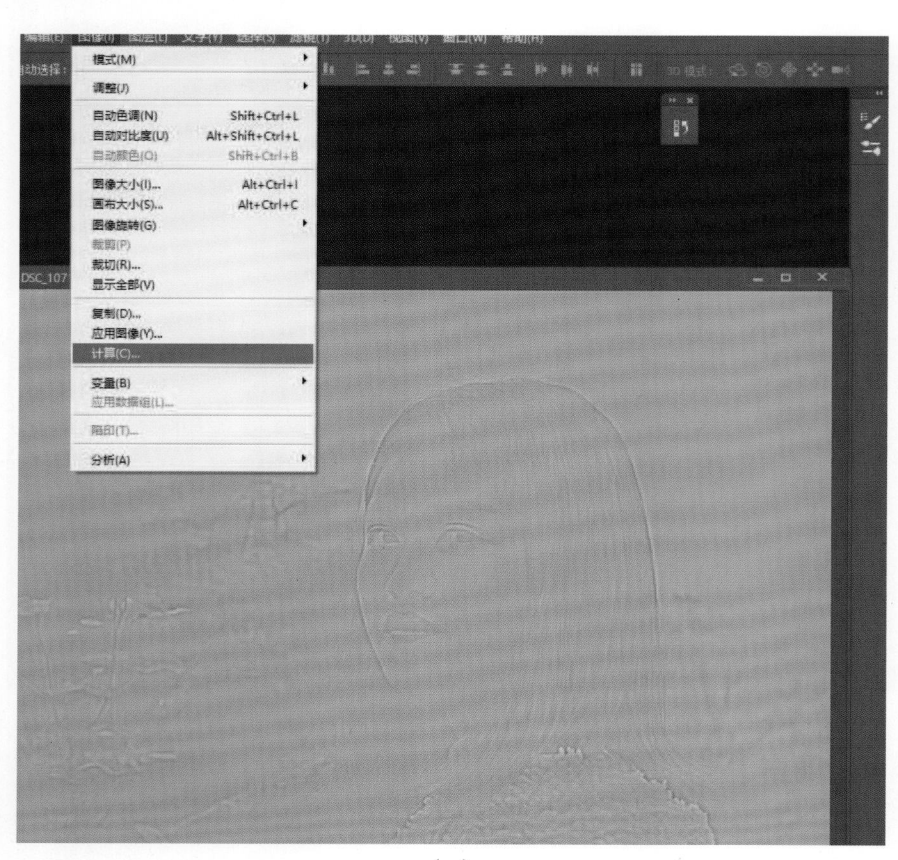

(a)

计算

源 1: DSC_1071 (2).psd
图层: 合并图层
通道: 蓝 拷贝 反相(I)
源 2: DSC_1071 (2).psd
图层: 背景 拷贝 2
通道: 蓝 拷贝 反相(V)
混合: 叠加
不透明度(O): 100 %
蒙版(K)...
结果: 新建通道
确定
取消
预览(P)

(b)

（c）

图 2–16–3　步骤 3 效果图

步骤 4

载入选区 [Ctrl ＋ I] 反向选区，然后回到图层面板建立曲线调整层，如图 2–16–4 所示。

图 2–16–4　步骤 4 效果图

步骤 5

将曲线网上提，将粗糙的地方提亮，会发现皮肤瞬间光滑了很多，如图 2-16-5 所示。

图 2-16-5　步骤 5 效果图

步骤 6

点击 [Shift + Alt + E] 盖印图层，然后再复制两层，如图 2-16-6 所示。

图 2-16-6　步骤 6 效果图

步骤 7

对复制的图层 3 进行表面模糊，数值以看不到明显的粗糙为准，如图 2–16–7 所示。

（a）

（b）

图 2–16–7　步骤 7 效果图

步骤 8

选中复制的图层 4，选择 [图像→应用图像]，选择绿色通道，点击确定，如图 2-16-8 所示。

(a)

(b)

图 2-16-8　步骤 8 效果图（1）

然后对图层 4 进行高反差保留，数值根据需要而定，数值越大纹理感越明显。并将图层模式改为线性光。如图 2-16-9 所示。

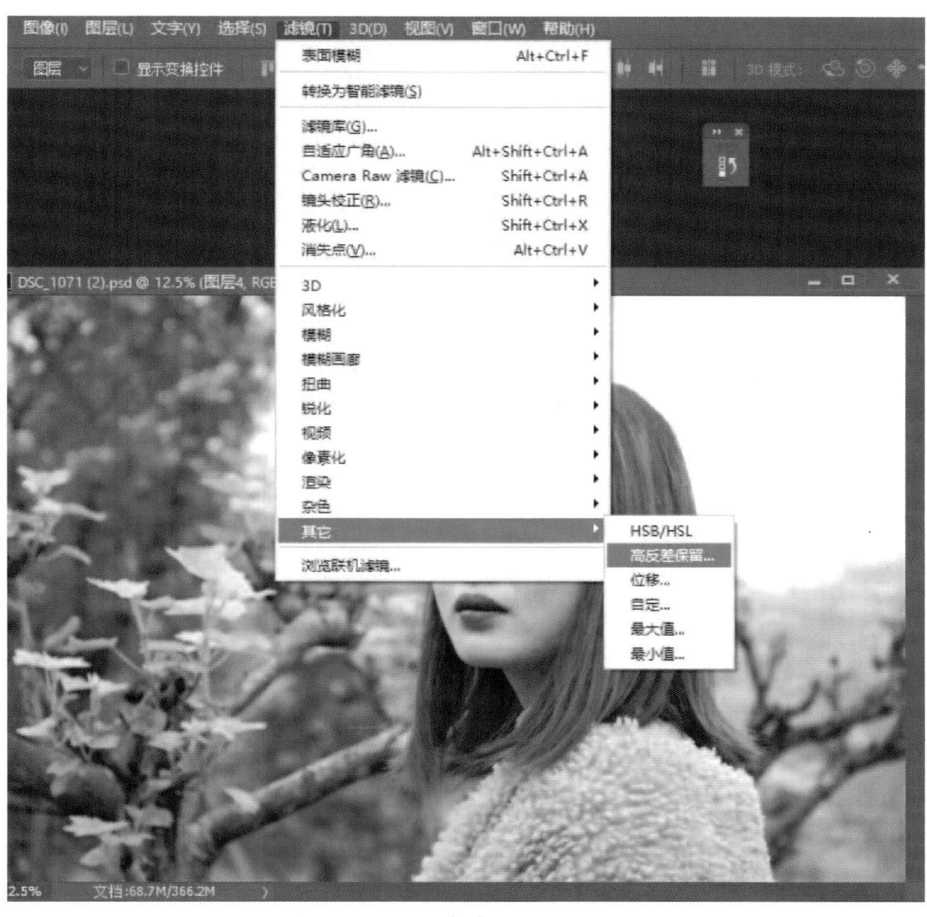

（a）

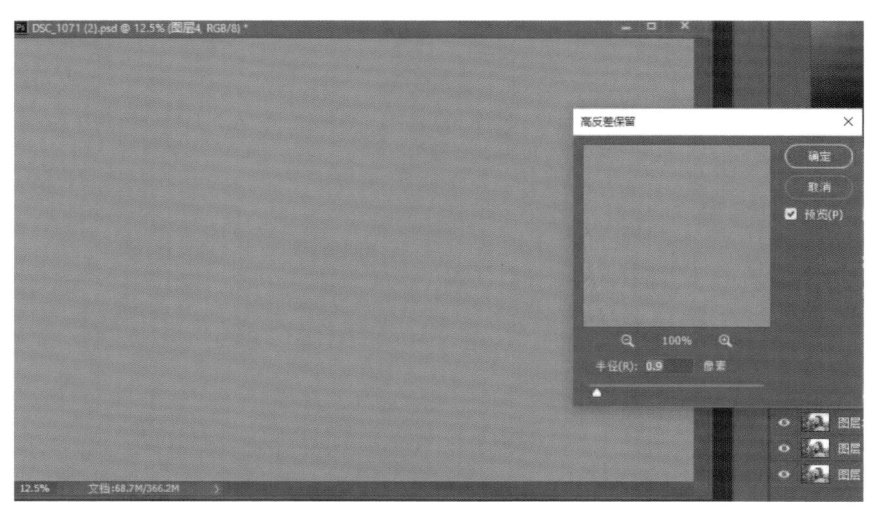

（b）

（c）

图 2–16–9　步骤 8 效果图（2）

步骤 9

选择图层 3、图层 4，[Ctrl + G] 将两个图层移到一个组里面，并对组添加一个蒙版，如图 2–16–10 所示。

图 2–16–10　步骤 9 效果图（1）

然后用黑色柔角画笔对蒙版进行擦拭，将皮肤的质感表现出来。画笔不要太硬，不透明度和流量都要适当降低，根据实际情况而定，脸部的敏感交界处不要擦拭，如图 2-16-11 所示。

图 2-16-11　步骤 9 效果图（2）

步骤 10

最后做一些颜色方面的调整即可，效果如图 2-16-12 所示。

图 2-16-12　步骤 10 效果图

案例 17　中性灰精细修图

在 PS 的众多技法中，各种磨皮的教程会受到很多专业和非专业人员的青睐。但是其中很多最后的结果都会把人物的皮肤处理的如同镜面一般光滑。中性灰是一种比较常见且专业的商业修图方法，其过程需要的时间比较久一些，不光用来磨皮，后期还常常用来塑造光影等。

步骤 1

打开原图，如图 2-17-1 所示。

图 2-17-1　步骤 1 效果图

步骤 2

复制图层 [Ctrl + J]，如图 2-17-2 所示。

图 2–17–2　步骤 2 效果图

步骤 3

创建新图层，如图 2-17-3 所示。

图 2–17–3　步骤 3 效果图

步骤 4

新图层填充：[编辑→填充]（Shift + F5），内容设为 50% 灰色，如图 2-17-4 所示。

图 2-17-4　步骤 4 效果图

步骤 5

图层模式设为柔光，如图 2-17-5 所示。

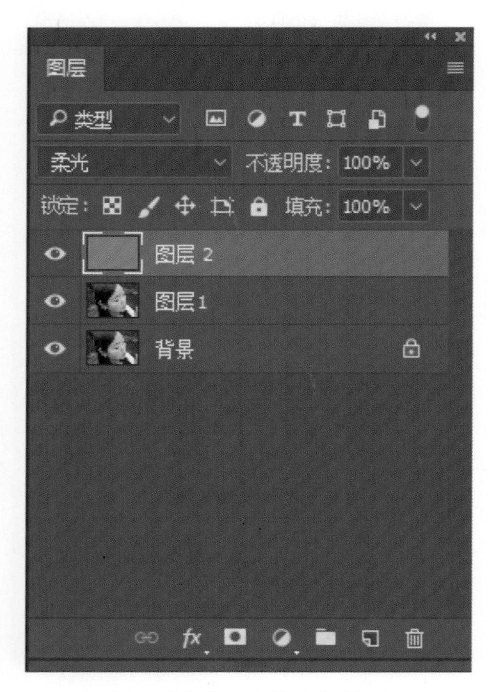

图 2-17-5　步骤 5 效果图

步骤 6

[图层→新建填充图层→纯色] 新建纯色调整图层，颜色为黑色，如图 2-17-6 所示。

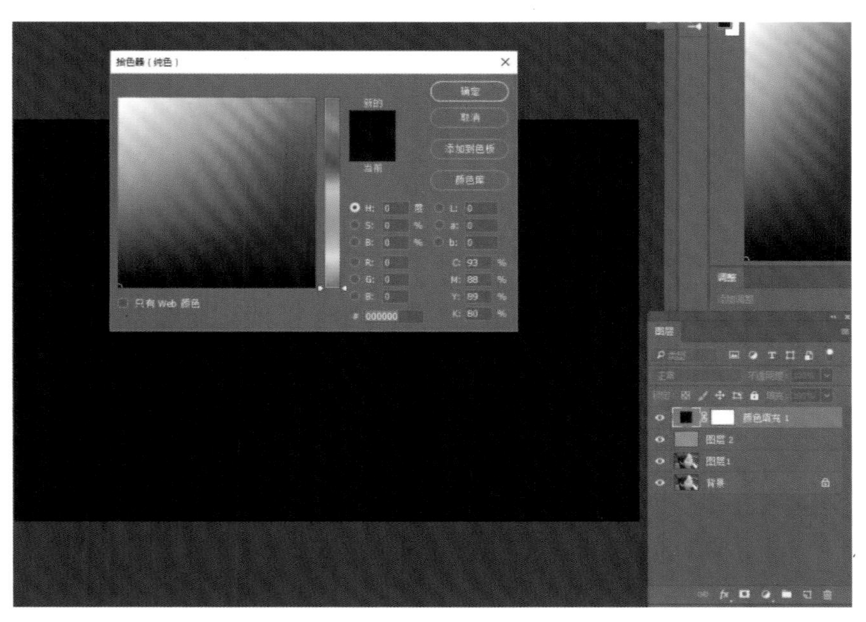

图 2-17-6　步骤 6 效果图

步骤 7

图层模式设为颜色，如图 2-17-7 所示。

图 2-17-7　步骤 7 效果图

步骤 8

复制黑色调整图层，如图 2-17-8 所示。

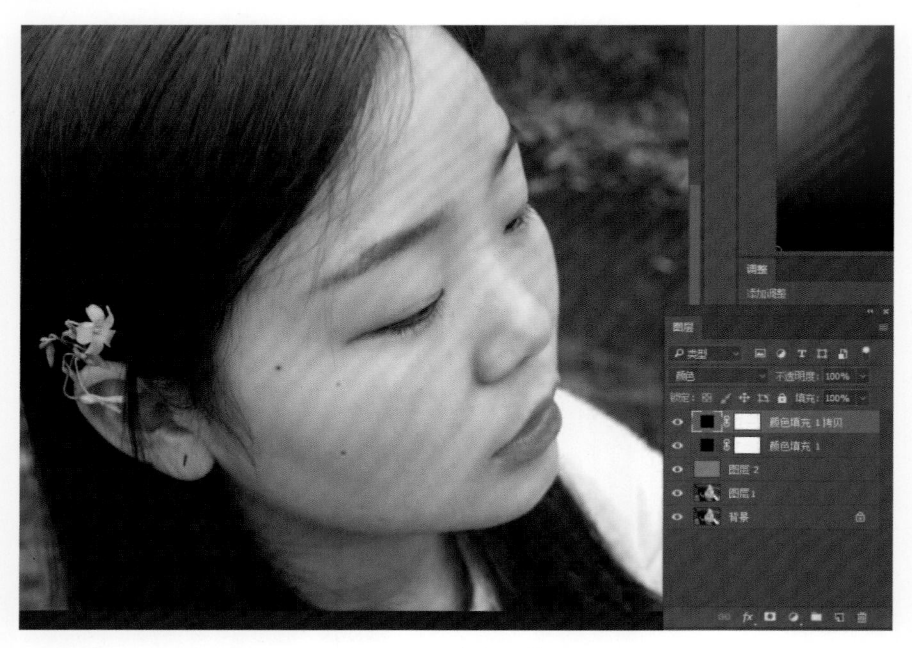

图 2-17-8　步骤 8 效果图

步骤 9

图层模式设为叠加，可根据图像明暗调整为其他模式，如图 2-17-9 所示。

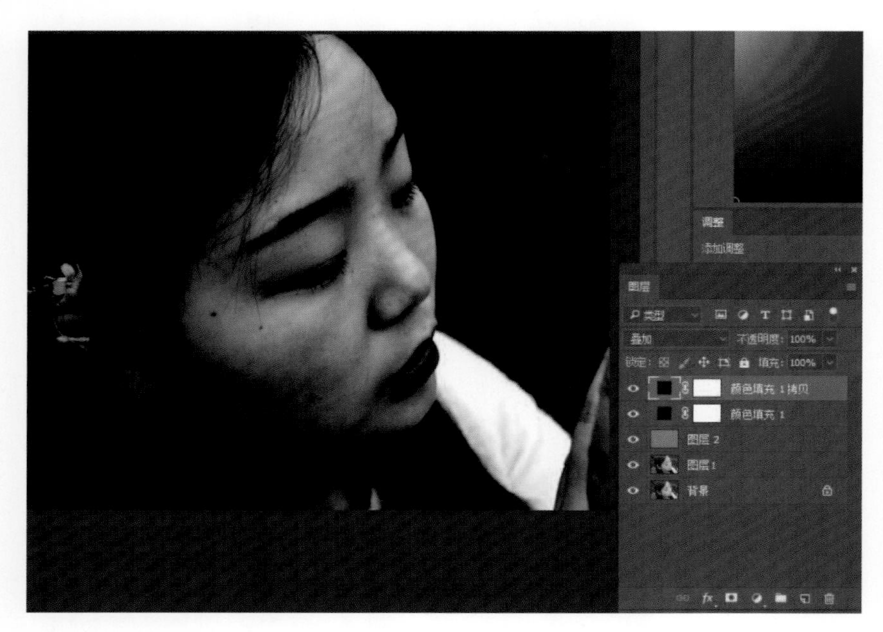

图 2-17-9　步骤 9 效果图

步骤 10

新建组，命名为观察组，如图 2–17–10 所示。

步骤 11

把 [颜色填充 1] 和 [颜色填充 1 拷贝] 放进观察组，如图 2–17–11 所示。

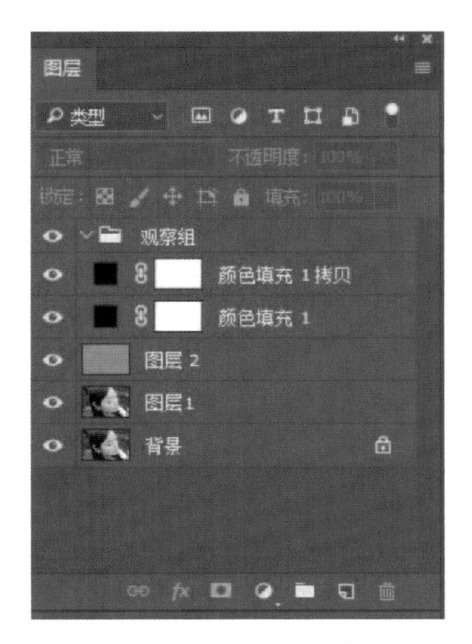

图 2–17–10　步骤 10 效果图

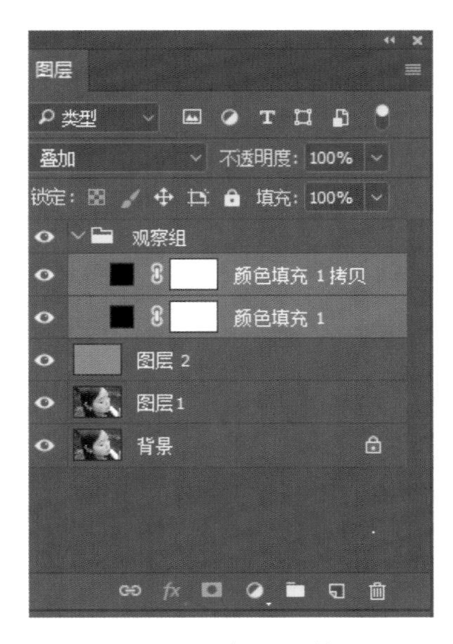

图 2–17–11　步骤 11 效果图

步骤 12

去掉 [颜色填充 1 拷贝] 的眼睛，把图片放大看清脸部细节，如图 2–17–12 所示。

图 2–17–12　步骤 12 效果图

步骤 13

点击 [图层 1]，用污点修复画笔工具把人物脸上、五官、手上、脖子上的斑点瑕疵去掉，如图 2-17-13 所示。

图 2-17-13　步骤 13 效果图

步骤 14

粗略完成如图 2-17-14 所示。

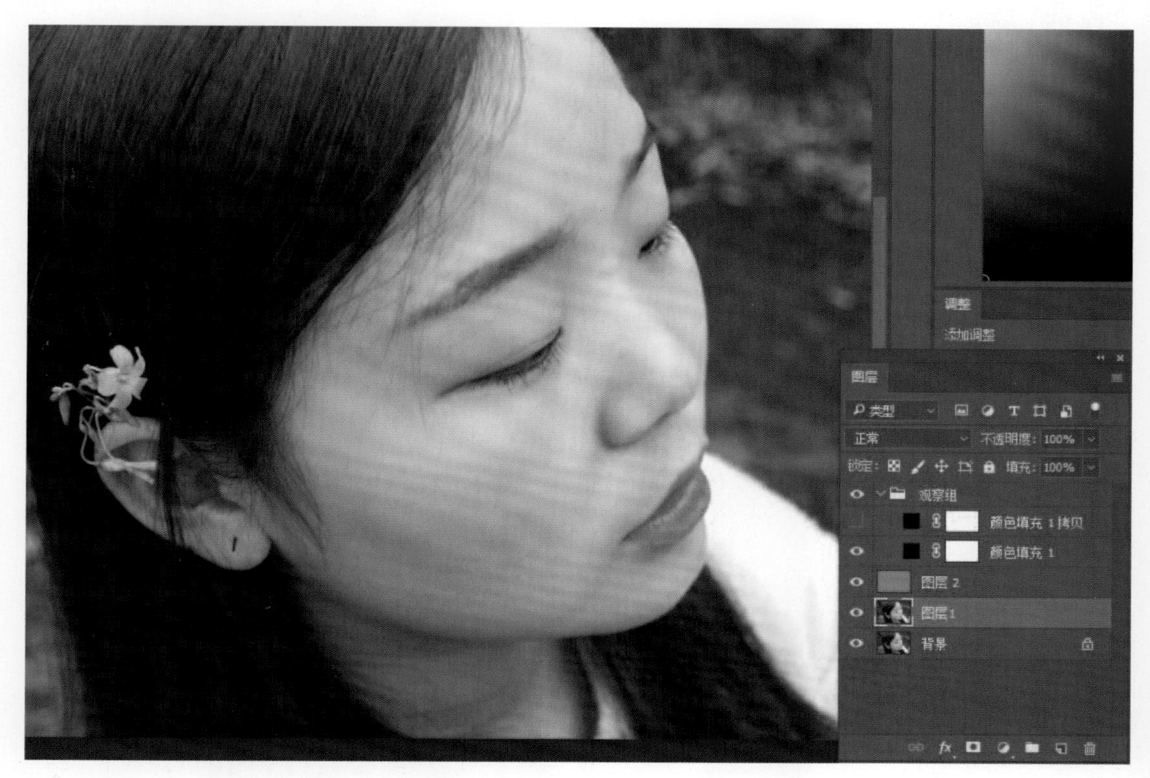

图 2-17-14　步骤 14 效果图

步骤 15

接下来把 [颜色填充 1 拷贝] 图层眼睛点上，加强对比，可以看出人物有很多瑕疵噪点、不均匀的色块，如图 2-17-15 所示。

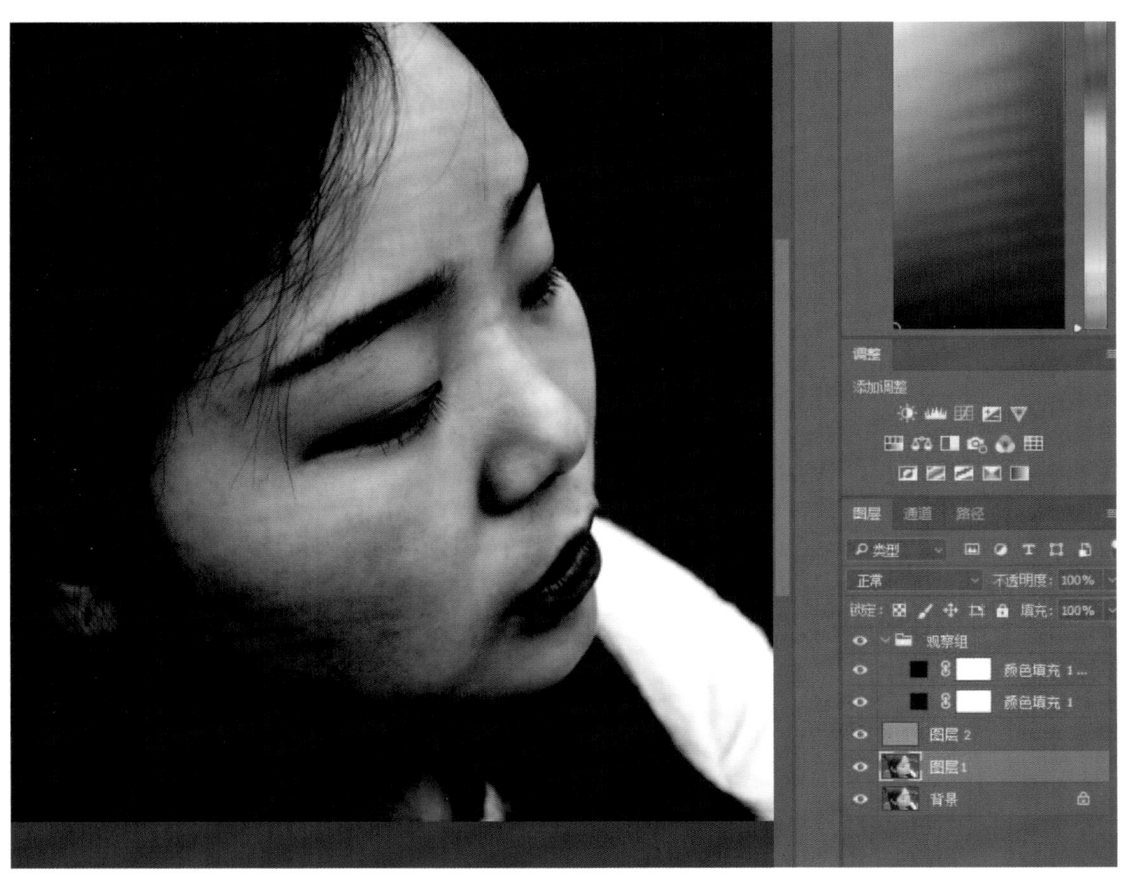

图 2–17–15　步骤 15 效果图

步骤 16

这里是修整皮肤的关键一步，点击 [图层 2]，图片放大，以方便观察细节。点击画笔工具，选择白色柔角画笔，小半径（主要针对小色块、暗斑、小瑕疵等），把过暗的地方擦亮，不透明度为 9% 和流量 40%，还可以根据画面稍微调低。

然后再用黑色柔角画笔，不透明度为 9% 和流量 40%，根据画面稍微适当调整参数。把过亮的地方擦暗，从而整体统一。如图 2–17–16 所示。

图 2–17–16　步骤 16 效果图

步骤 17

这一步是调整整体的光影明暗，同样图片放大，选择柔角画笔，大半径，用白色画笔擦亮，黑色画笔擦暗，调低透明度和流量，擦出人物主要光影，黑白对比关系，如图 2–17–17 所示。

图 2–17–17　步骤 17 效果图

步骤 18

[Ctrl + Alt + Shift + E] 盖印可见图层，如图 2–17–18 所示。

图 2–17–18　步骤 18 效果图

步骤 19

以下步骤可根据画面适当调整。新建照片滤镜调整图层，颜色和浓度如图 2-17-19 所示调整为自己喜欢的颜色。

图 2-17-19　步骤 19 效果图

步骤 20

新建曲线调整图层，使人物红润一些，如图 2-17-20 所示。

图 2-17-20　步骤 20 效果图

步骤 21

然后新建色相饱和度调整图层，饱和度为 10，如图 2-17-21 所示。

图 2-17-21　步骤 21 效果图

案例 18　反转都市

本案例海报具有电影逆世界的风格，十分有科幻感，而且制作方法很简单。效果如图 2-18-1 所示。

图 2-18-1　反转都效果图

步骤 1

建立一个新图层，大小为 50 × 70 cm，如图 2-18-2 所示。

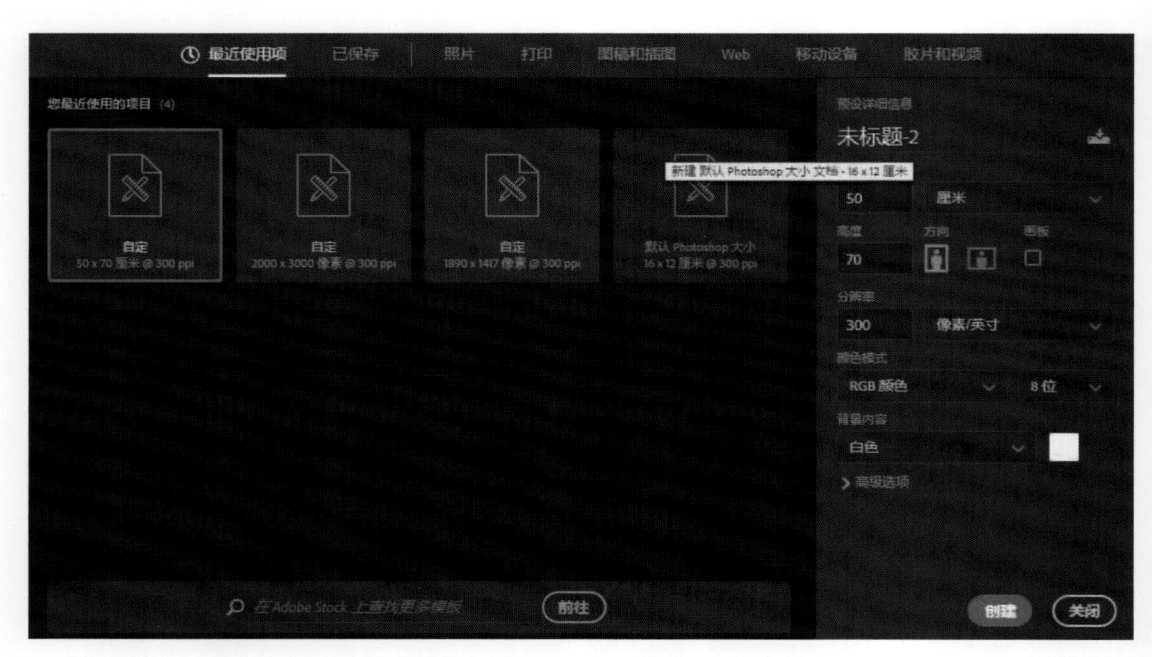

图 2–18–2　步骤 1 效果图 a

并把山的素材背景抠掉后置入，如图 2-18-3 所示。

图 2–18–3　步骤 1 效果图 b

同时把粉色背景中的飞机去掉并置入，如图 2-18-4 所示。

图 2-18-4　步骤 1 效果图 c

步骤 2

把城市素材抠取出来，建议顶端边缘部分抠细一点，越精细效果越好，然后翻转，如图 2-18-5 所示。

图 2-18-5　步骤 2 效果图

步骤 3

将下方山顶人物转为黑色，方法是选中该图层，按住 [Ctrl] 点击该图层，出现蚂蚁线后点击右下圆形图标，选择黑白调色图层，如图 2-18-6 所示。

图 2–18–6 步骤 3 效果图

步骤 4

调整都市颜色，使其融入背景，按住 [Ctrl] 点击该图层，出现蚂蚁线后点击右下圆形图标，选择色彩平衡调整图层，如图 2-18-7 所示。

图 2–18–7 步骤 4 效果图 a

最后再调整城市的位置，往上移动，使画面看起来更和谐，如图 2-18-8 所示。

图 2-18-8　步骤 4 效果图 b

步骤 5

吸取周围的颜色用云彩形状的笔刷在城市周围绘图，然后改透明度为 85，如图 2-18-9 所示。

图 2-18-9　步骤 5 效果图

步骤 6

在城市图层上选择合适的位置后用椭圆选框工具画圆，[Ctrl + J] 复制一层，并进行垂直、水平翻转，如图 2-18-10 所示。

图 2-18-10　步骤 6 效果图

步骤 7

拉出一个白色的圆并复制出城市一部分一样大小，然后调低白色圆的透明度放在后面，合并图层，最后叠在人后面并调整大小和高低。如图 2-18-11 所示。

图 2-18-11　步骤 7 效果图

步骤 8

加上文字，文字层设置为柔光混合模式，并作细节处理，如图 2-18-12 所示。

图 2-18-12　步骤 8 效果图

综合案例篇

综合案例 1　梦幻瀑布大场景

该案例为梦幻瀑布大场景的合成方法，主要讲解了光线的处理、景物的融合以及构建场景等一些合成小技巧，效果如图 3-1-1 所示。

图 3-1-1　梦幻瀑布大场景效果图

案例要点：

（1）建立的基本场景包括山峰、瀑布和天空。

（2）然后利用调整图层对场景元素进行调整。此外，我们还需要将更多的元素融合到场景中。

（3）最后，营造光线氛围和调整图层。

1. 构建基本场景

步骤 1

点击 [文件→新建]，创建新文档，设置如图 3-1-2 所示。

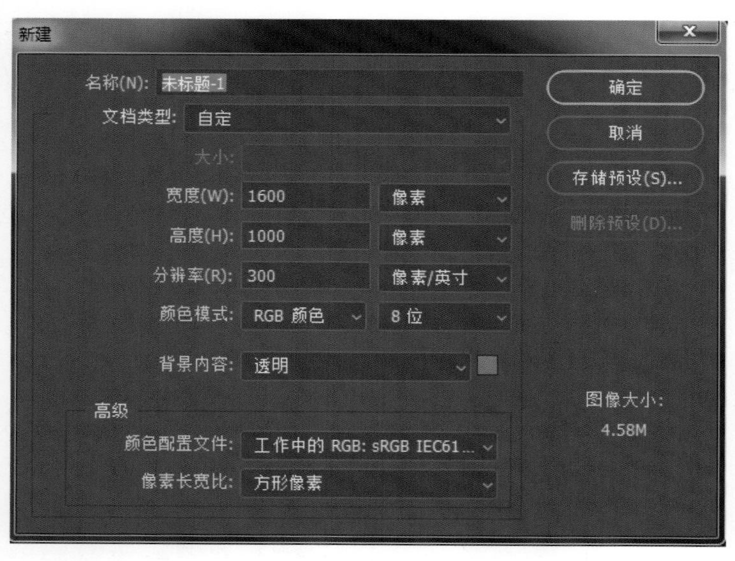

图 3–1–2　步骤 1 效果图

步骤 2

点击 [文件→置入]，将悬崖图片放置在画布右下角，如图 3–1–3 所示。

图 3–1–3　步骤 2 效果图

步骤 3

将图片 [山 1] 拖动到悬崖图层之下，如图 3–1–4 所示。

图 3–1–4　步骤 3 效果图

步骤 4

点击 [图层→图层蒙版→显示全部]，为悬崖图层添加图层蒙版。

选择画笔工具（B），将不透明度设置为 30%，利用柔软的黑色圆刷，涂抹图中暗显示部分，使得悬崖和山 1 融合。如图 3–1–5 所示。

图 3–1–5　步骤 4 效果图

步骤 5

悬崖图层的瀑布源头处也被遮盖了，所以我们需要源头效果，使得瀑布看起来是从悬崖上掉下来的。

为此，打开图片瀑布 1，将之放置在悬崖图层之下，位置如图 3-1-6 所示。

该图片优点就是它和图片悬崖的瀑布很像，可以借此融合悬崖的瀑布和场景。

图 3—1—6　步骤 5 效果图 a

为该图层应用图层蒙版，然后使用之前用过的画笔涂抹瀑布 1 图层除顶部之外的部分。效果如图 3-1-7 所示。

图 3—1—7　步骤 5 效果图 b

步骤 6

此时画布左侧区域仍是空白，打开图片山 2，将之放置在山 1 图层之下，如图 3-1-8 所示。

图 3-1-8　步骤 6 效果图

步骤 7

为山 1 图层应用图层蒙版，使用柔软的黑色圆刷，如图 3-1-9 所示。

图 3-1-9　步骤 7 效果图

步骤 8

在山 1 和山 2 图层之间添加瀑布 2 图层，使用自由变换工具（Ctrl ＋ T）调整其大小，如图 3-1-10 所示。

瀑布 2 图层放在山 1 图层之下，能遮盖住山 1 图层一些比较粗糙的部分。

两张图片比较相配，所以某些部分是采用瀑布 2 还是山 1 都是可以的，这样更容易融合。

图 3–1–10　步骤 8 效果图

步骤 9

此时需要图片山 1 的更多部分，通过按键 [Ctrl ＋ J] 复制山 1 图层，将之稍向左移动。利用图层蒙版隐藏此复制图层除了瀑布 2 上方的所有部分，如图 3–1–11 所示。

图 3–1–11　步骤 9 效果图

步骤 10

正如之前的步骤所示，保留了瀑布 2 的一些比较生硬的部分，为此，我们需要复制瀑布 2，将副本放置在瀑布 2 图层之上，将之转换为图 3-1-12 所示部分，因为只需要灌木部分。

图 3-1-12　步骤 10 效果图

步骤 11

添加天空素材置入山 2 下面。选中山 2 图层，为之应用一个图层蒙版，使用柔软的黑色圆刷涂抹图 3-1-13 所示部分。

图 3-1-13　步骤 11 效果图

2. 场景的基本调整

步骤 12

现在已经构建好了基本的场景，使用调整图层进行色彩调整。先从底层的天空开始。点击 [图层→新建调整图层→曲线]，为天空图层应用曲线调整图层，如图 3-1-14 所示。

图 3-1-14　步骤 12 效果图 a

添加青、绿、蓝色调的效果如图 3-1-15 所示。

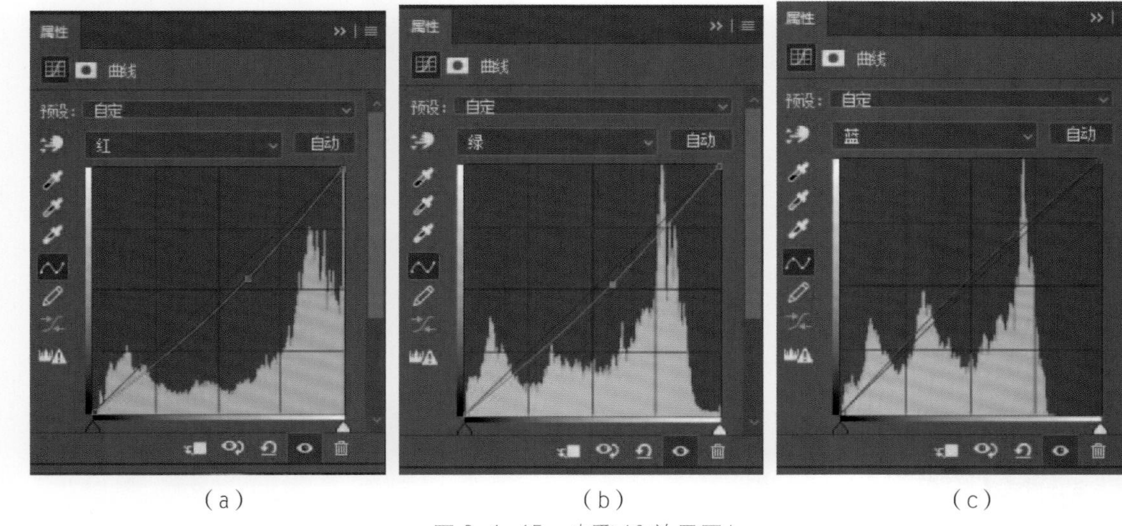

（a）　　（b）　　（c）

图 3-1-15　步骤 12 效果图 b

步骤 13

为天空图层应用一个色彩平衡、亮度 / 对比度调整图层，改变中间调的值和降低天空的亮度，设置如图 3-1-16 所示。

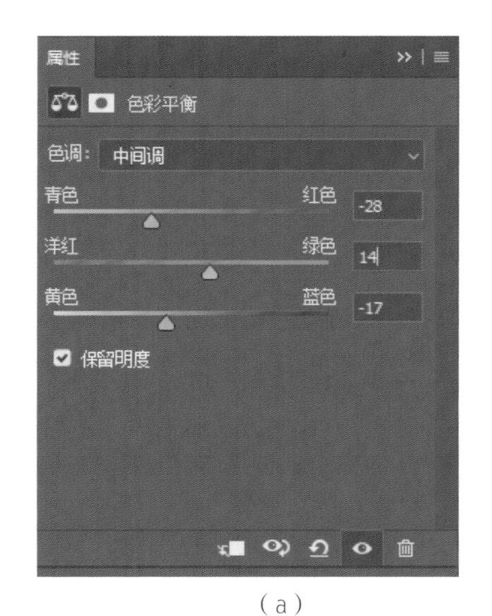

(a)

(b)

图 3-1-16　步骤 13 效果图

步骤 14

选中山 2 图层，需要将不需要的细节去掉。

为此，在山 2 图层之上新建一个图层，命名为 [仿制]，然后，按住 [Alt] 键，将鼠标悬停在仿制图层和山 2 图层之间，并点击，即为山 2 图层创建剪贴蒙版。使用仿制图章工具（S），涂抹不需要的细节处。如图 3-1-17 所示。

图 3-1-17　步骤 14 效果图

步骤 15

现在需要降低山 2 图层的亮度，并应用曲线调整图层为其添加一点暖黄色调。应用一个曲线调整图层，并点击图 3-1-18 所示的红色按钮，并按照该图进行设置。

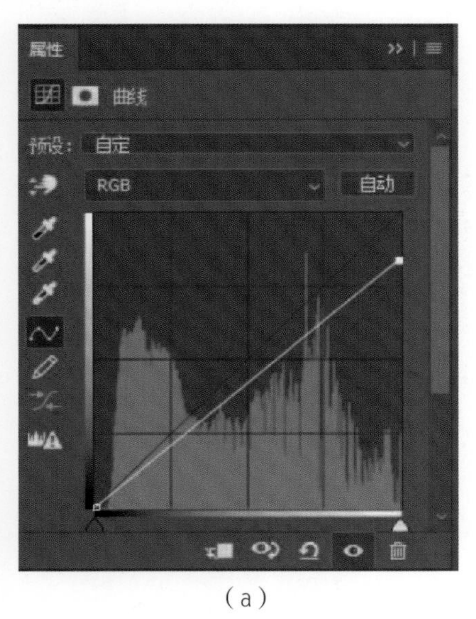

(a)

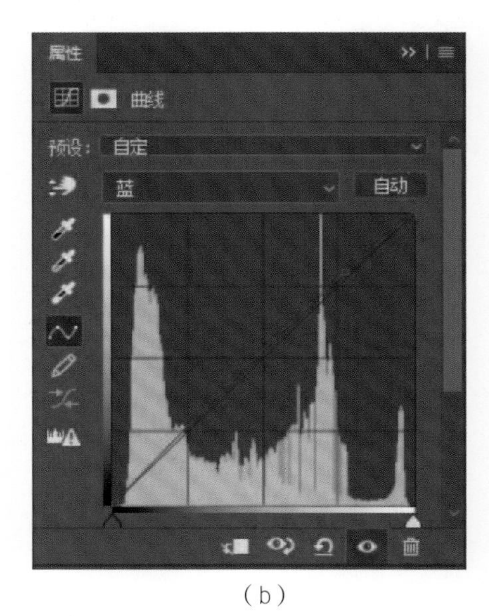

(b)

图 3-1-18　步骤 15 效果图

步骤 16

应用可选颜色和色彩平衡调整图层，设置如图 3-1-19 所示，为山 2 层添加一些温暖的黄色色调。

(a)

(b)

图 3-1-19　步骤 16 效果图

步骤 17

现在选中瀑布 2 图层，应用可选颜色和色彩平衡调整图层，设置如图 3-1-20 所示。

(a)

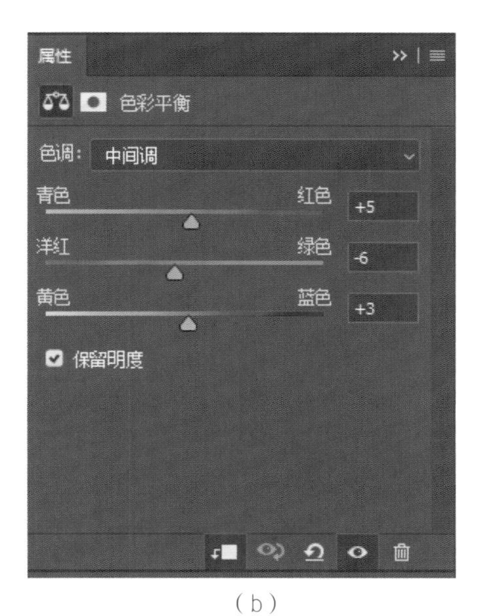

(b)

图 3-1-20　步骤 17 效果图

步骤 18

选中瀑布 2 副本图层，应用亮度 / 对比度调整图层，降低亮度，如图 3-1-21 所示。

图 3-1-21　步骤 18 效果图

步骤 19

选中山 1 图层，为之应用一个可选颜色调整图层，设置如图 3-1-22 所示。

步骤 20

选中山 1 副本图层，为之应用一个色相 / 饱和度调整图层，减小饱和度，如图 3-1-23 所示。

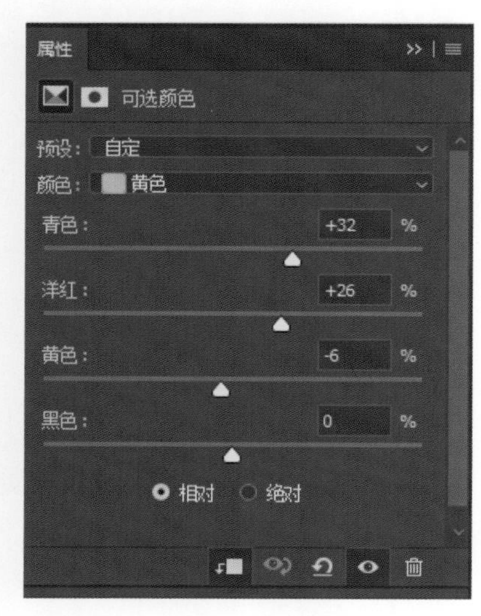

图 3-1-22　步骤 19 效果图

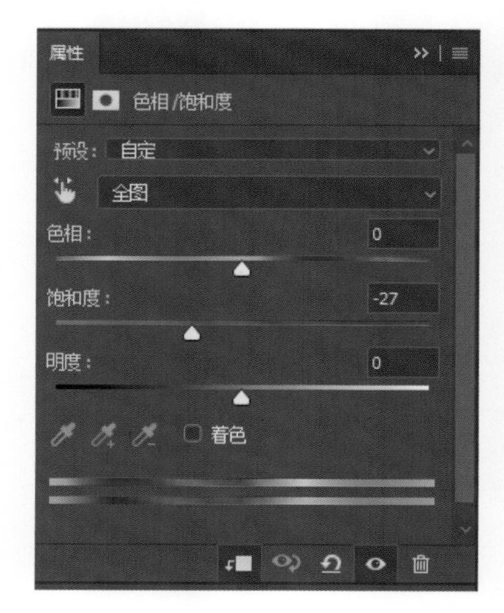

图 3-1-23　步骤 20 效果图

步骤 21

调整悬崖的色调。选中悬崖图层，为之应用一个曲线调整图层，稍稍增加一点亮度，如图 3-1-24 所示。

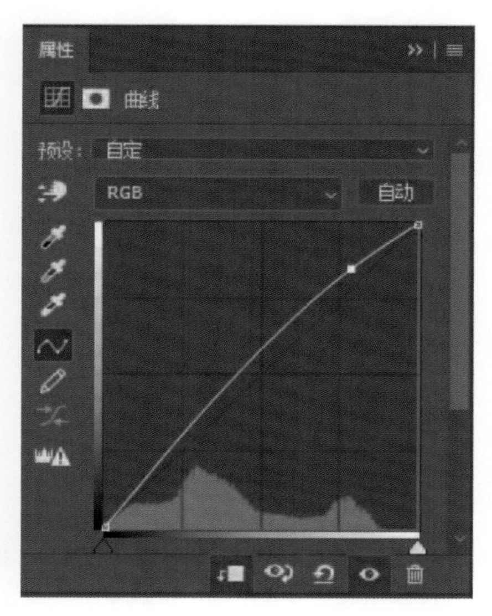

图 3-1-24　步骤 21 效果图

步骤 22

接着为悬崖图层应用一个色彩平衡调整图层，使之与整个场景的色调相匹配，如图 3-1-25 所示。

（a）

（b）

图 3-1-25　步骤 22 效果图

步骤 23

打开更多的图片，将瀑布 3 拖动到主画布中，如图 3-1-26 所示。

图 3-1-26　步骤 23 效果图

步骤 24

为之应用一个图层蒙版，使用柔软的黑色圆刷，柔化图片边缘，使之融合于场景，如图 3-1-27 所示。

图 3-1-27　步骤 24 效果图

步骤 25

将瀑布 4 拖动至主画布，如图 3-1-28 所示。

图 3-1-28　步骤 25 效果图

步骤 26

同样的，应用图层蒙版柔化硬边，如图 3-1-29 所示。

图 3-1-29　步骤 26 效果图 a

将该图层的混合模式设置为柔光，效果如图 3-1-30 所示。

图 3-1-30　步骤 26 效果图 b

步骤 27

将图片鹰拖动到主画布，如图 3-1-31 所示的位置。

图 3-1-31　步骤 27 效果图

步骤 28

使用选择工具，将人物从其背景中提取出来，并将之放在悬崖上，如图 3-1-32 所示。

图 3-1-32　步骤 28 效果图

3. 合成光源

上面基本完成了所有步骤，但是没有光源效果。从这一步开始，我们将会为整个场景添加光源，并营造出相应的光线效果。

步骤 29

新建一个图层，命名为光 1。将前景色设置为色值：#7a5d34，并使用不透明度为 30% 的画笔工具，在山上绘制一些光线效果，如图 3-1-33 所示。

图 3-1-33　步骤 29 效果图

步骤 30

再一次新建图层，命名为“光 2”。在场景的左上角，使用同样的颜色，画笔设置大小为 2 300 像素，不透明度为 100%，如图 3-1-34 所示。

图 3-1-34　步骤 30 效果图 a

将此图层混合模式设置为线性减淡，并将不透明度设置为 51%，效果如图 3-1-35 所示。

图 3-1-35　步骤 30 效果图 b

步骤 31

又一次新建图层，命名为光 3。使用与上一步设置相同的画笔，在右上角使用画笔描边（使用画笔的一半）。这将为右侧的山脉添加光线，如图 3-1-36 所示。

图 3-1-36　步骤 31 效果图 a

将混合模式设置为线性减淡，不透明度设置为 63%。效果如图 3-1-37 所示。

图 3–1–37　步骤 31 效果图 b

步骤 32

新建一个图层，命名为鸟。使用任意一个鸟型笔刷绘制出鸟群，如图 3–1–38 所示。

图 3–1–38　步骤 32 效果图

步骤 33

选择光素材，如图 3-1-39 所示放置，将此光晕作为光源。

图 3-1-39　步骤 33 效果图

步骤 34

将混合模式设置为滤色，效果如图 3-1-40 所示。

图 3-1-40　步骤 34 效果图

步骤 35

有些光晕在主体上，但并不需要，于是为光晕图层应用一个图层蒙版，涂抹掉不需要的部分，如图 3-1-41 所示。

图 3-1-41　步骤 35 效果图

步骤 36

为光晕图层应用色阶和色相 / 饱和度调整图层。利用色阶调整图层，能柔化光晕的突兀感；利用色相 / 饱和度调整图层，可以让光晕的颜色由蓝色变为黄色，如图 3-1-42 所示。

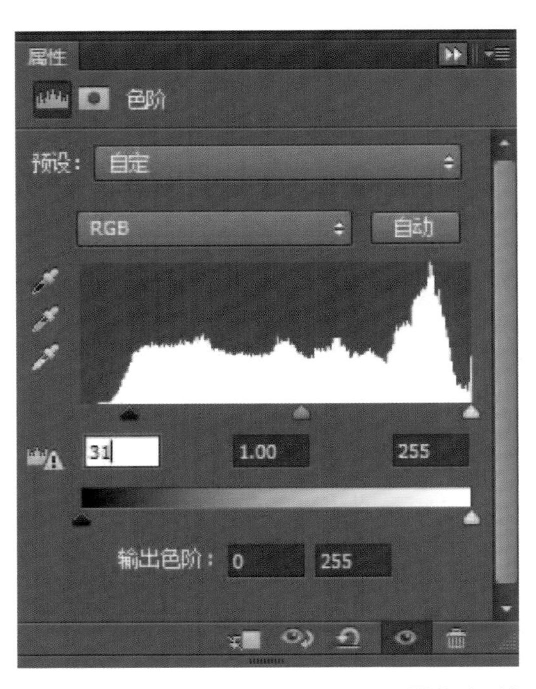

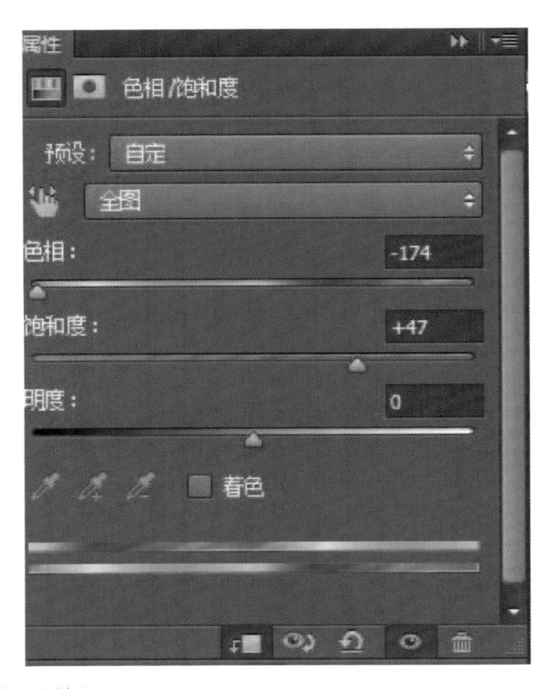

图 3-1-42　步骤 36 效果图 a

设置后效果如图 3-1-43 所示。

图 3-1-43　步骤 36 效果图 b

步骤 37

还需要在所有图层之上应用亮度 / 对比度、可选颜色调整图层，设置如图 3-1-44 所示。

属性
亮度/对比度
自动
亮度：9
对比度：33
使用旧版

（a）

（b）

图 3-1-44　步骤 37 效果图 a

设置后效果如图 3-1-45 所示。

图 3-1-45　步骤 37 效果图 b

步骤 38

应用渐变映射调整图层，增加整个场景的亮度，如图 3-1-46 所示。

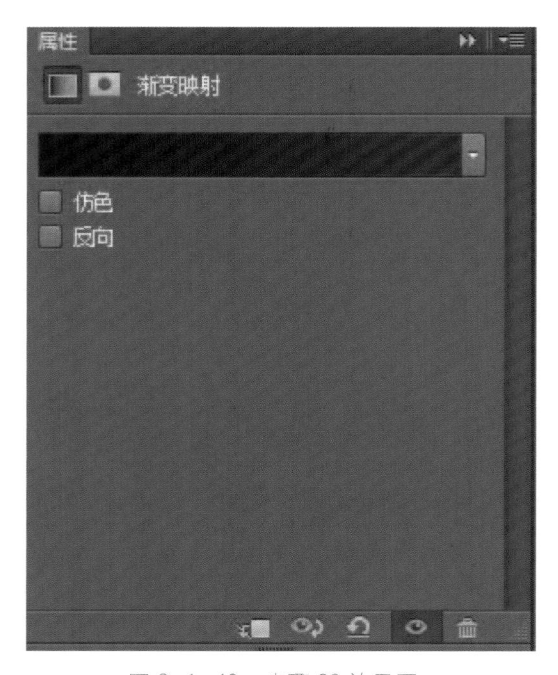

图 3-1-46　步骤 38 效果图 a

将混合模式设置为颜色减淡，不透明度设置为 37%。效果如图 3-1-47 所示。

图 3-1-47　步骤 38 效果图 b

步骤 39

应用色彩平衡调整图层，设置如图 3-1-48 所示。

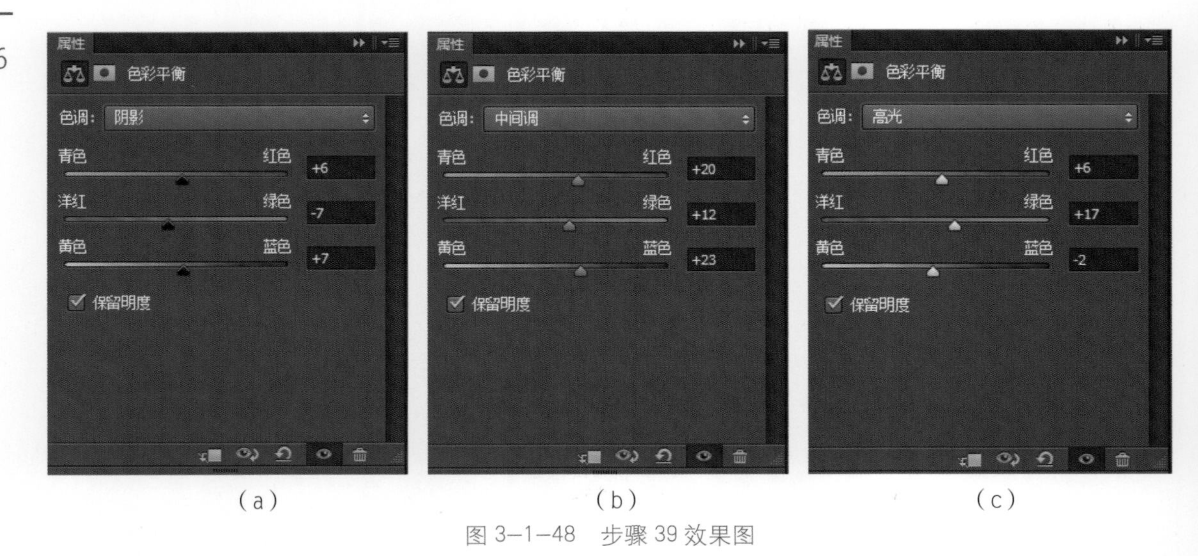

(a)　　(b)　　(c)

图 3-1-48　步骤 39 效果图

步骤 40

最后一次，应用一个明度 / 对比度调整图层，如图 3-1-49 所示。

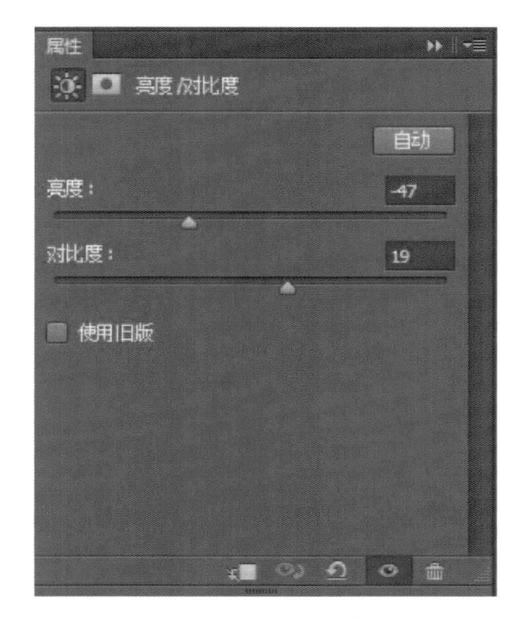

图 3–1–49　步骤 40 效果图

综合案例 2　魔法师

该案例用城堡、巫师、魔法书、荒地等来表现主题，并经过一些溶图，润色等，效果非常有意境，如图 3-2-1 所示。

图 3-2-1　魔法师效果图

步骤 1

创建一个新的文档，选择 [文件→新建]，使用图 3-2-2 所示的设置。

新建
名称(N): 未标题-1
文档类型: 自定
大小:
宽度(W): 1821 像素
高度(H): 1080 像素
分辨率(R): 300 像素/英寸
颜色模式: RGB 颜色 8 位
背景内容: 透明
高级
颜色配置文件: 工作中的 RGB: sRGB IEC61...
像素长宽比: 方形像素
确定
取消
存储预设(S)...
删除预设(D)...
图像大小:
5.63M

图 3-2-2　步骤 1 效果图

步骤 2

现在置入天空图像，调整图层大小，如图 3-2-3 所示。

图 3-2-3　步骤 2 效果图

步骤 3

添加一个照片滤镜调整图层，色值：#a6a76d，浓度 100%，如图 3-2-4 所示。

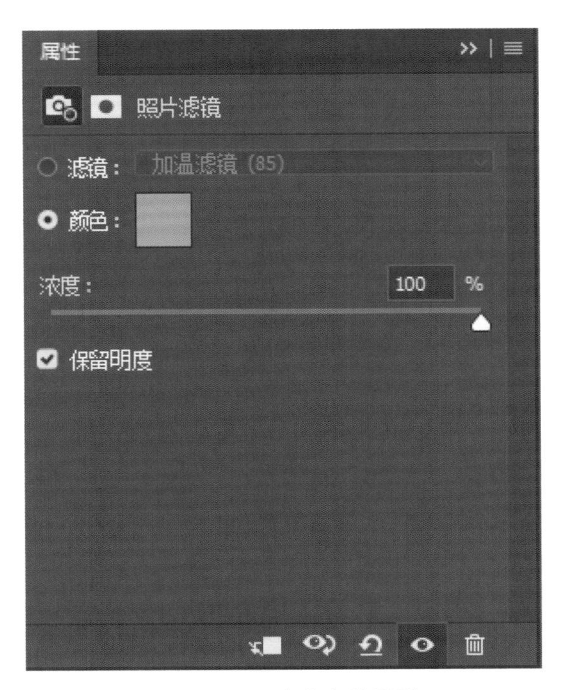

图 3-2-4　步骤 3 效果图

步骤 4

现在，添加一个曲线调整层，压暗天空边缘，蒙版擦除中间范围。然后再创建一个色相 / 饱和度调整层，色相为 + 13。饱和度为 - 59，蒙版擦除中间范围。如图 3-2-5 所示。

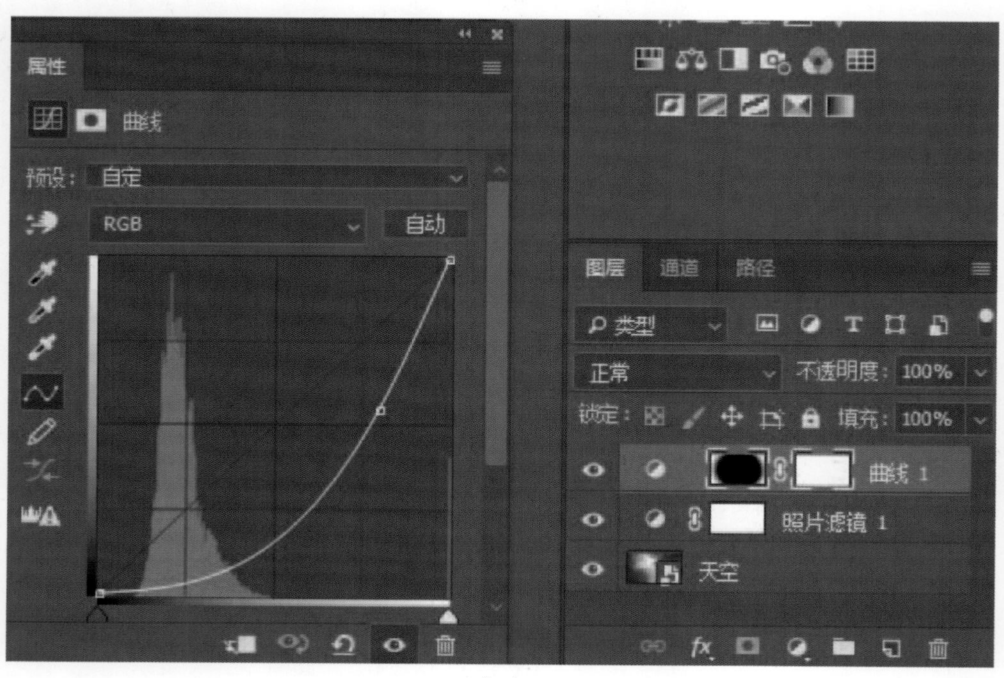

(a)

(b)

图 3-2-5　步骤 4 效果图

步骤 5

现在添加一个图层，图层模式改为“叠加”，使用软笔刷刷出所需颜色，图 3-2-6 所示。

图 3-2-6　步骤 5 效果图

步骤 6

抠出城堡素材，置入文档右下方，调整好大小，如图 3-2-7 所示。

图 3-2-7　步骤 6 效果图

步骤 7

现在添加一个曲线调整层，并剪贴我的城堡，如图 3-2-8 所示。

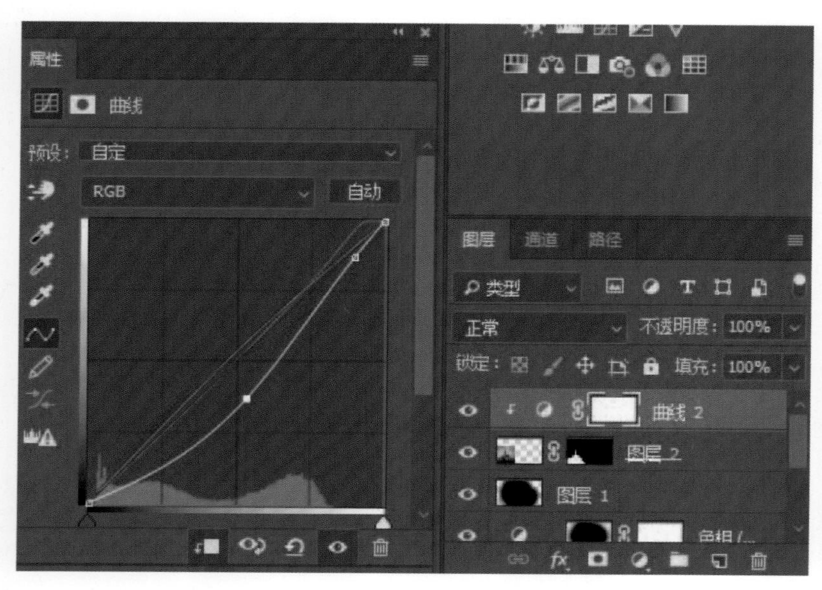

图 3-2-8　步骤 7 效果图

步骤 8

添加一个色相/饱和度调整层，创建剪贴蒙版，饱和度为 - 62，明度为 - 23，如图 3-2-9 所示。

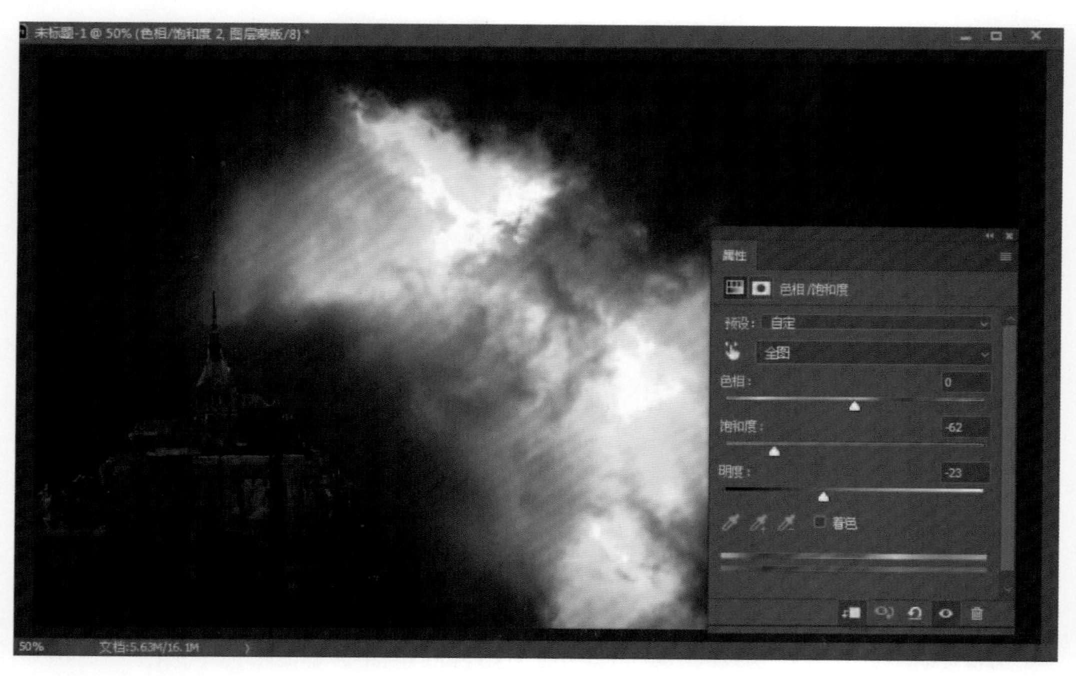

图 3-2-9　步骤 8 效果图

步骤 9

添加渐变填充，创建剪贴蒙版，使用软画笔对城堡进行明暗绘制，降低画笔流量把要压暗的地方用黑色绘制，要提亮的地方用白色绘制，然后再新建一个图层，绘制受光面，如图 3-2-10 所示。

图 3-2-10　步骤 9 效果图

步骤 10

新建颜色查找图层，创建剪贴蒙版使用颜色查找，找出合适的颜色，如图 3-2-11 所示。

图 3-2-11　步骤 10 效果图

步骤 11

现在在天空图层上面置入柱子素材，放置右下角，然后用蒙版擦除，如图 3-2-12 所示。

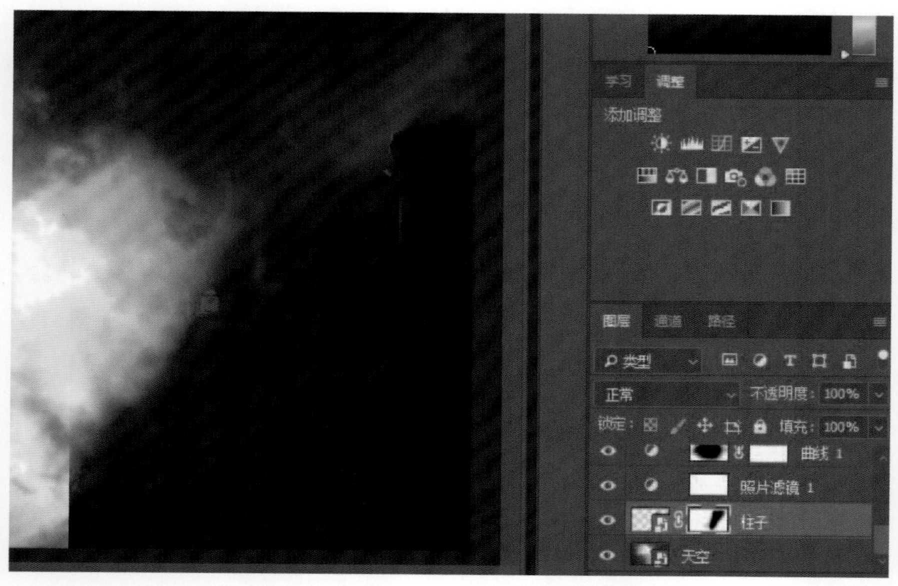

图 3-2-12　步骤 11 效果图

步骤 12

新建图层，模式改为叠加，对柱子图层创建剪贴蒙版，使用黑色软画笔绘制所选区域，如图 3-2-13 所示。

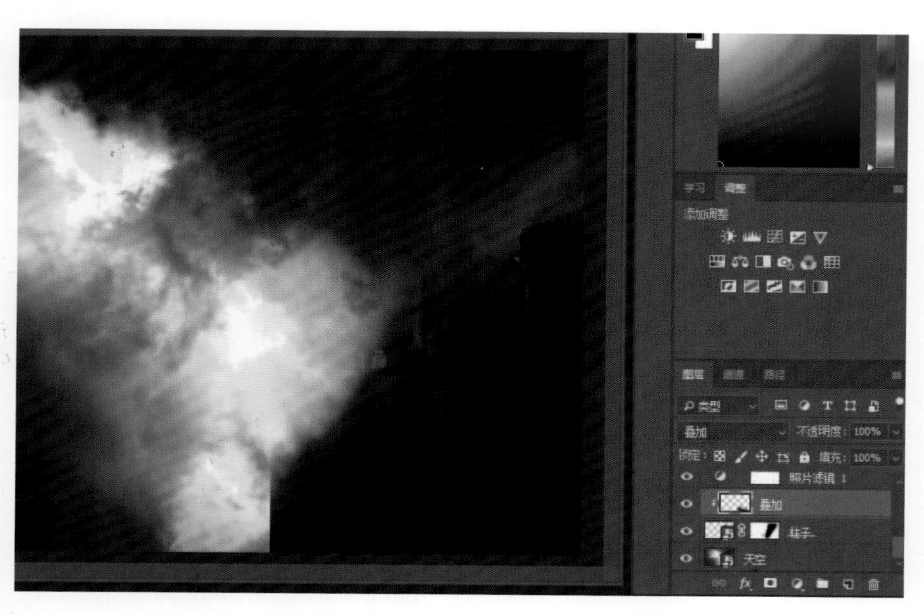

图 3-2-13　步骤 12 效果图

步骤 13

抠出人物素材，调整好大小位置，如图 3-2-14 所示。

图 3-2-14　步骤 13 效果图

步骤 14

现在打开魔法书素材，然后把书的部分跟光的部分分别抠出来，如图 3-2-15 所示。

(a)

（b）

图 3–2–15　步骤 14 效果图

步骤 15

抠好之后，把书素材与光素材拖入文档中，调整大小以及位置，然后把光素材图层模式改为线性减淡，然后用蒙版擦除使之融合，如图 3–2–16 所示。

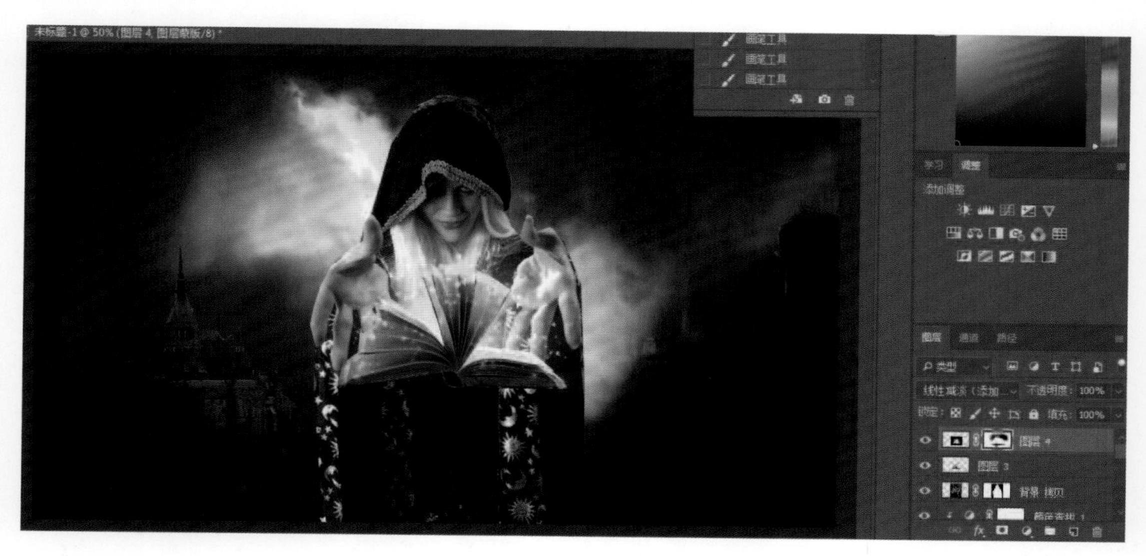

图 3–2–16　步骤 15 效果图

步骤 16

现在在人物图层下方置入翅膀素材，调整好大小以及位置，如图 3-2-17 所示。

图 3-2-17　步骤 16 效果图

步骤 17

新建一个曲线调整层，对翅膀素材创建剪贴蒙版，对翅膀进行颜色调整，如图 3-2-18 所示。

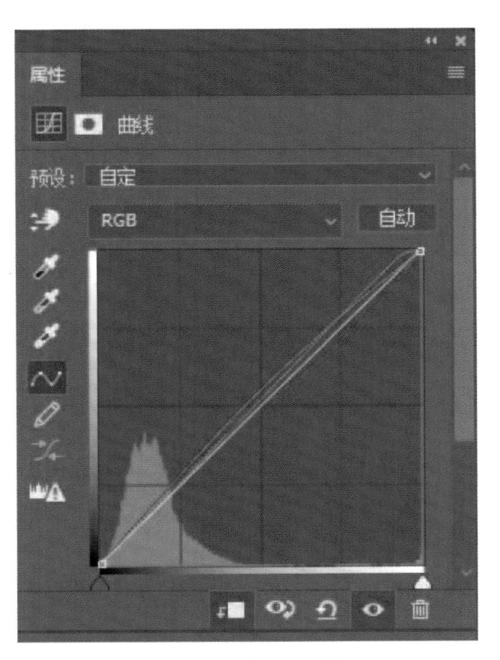

图 3-2-18　步骤 17 效果图

步骤 18

新建一层，图层模式改为叠加，利用低流量的软画笔，颜色选择黑色，对翅膀进行压暗处理，如图 3-2-19 所示。

图 3-2-19　步骤 18 效果图

步骤 19

新建一个曲线调整图层，对人物创建剪贴蒙版，对人物进行整体调色，然后再用图层蒙版擦除无须调色的地方，图 3-2-20 所示。

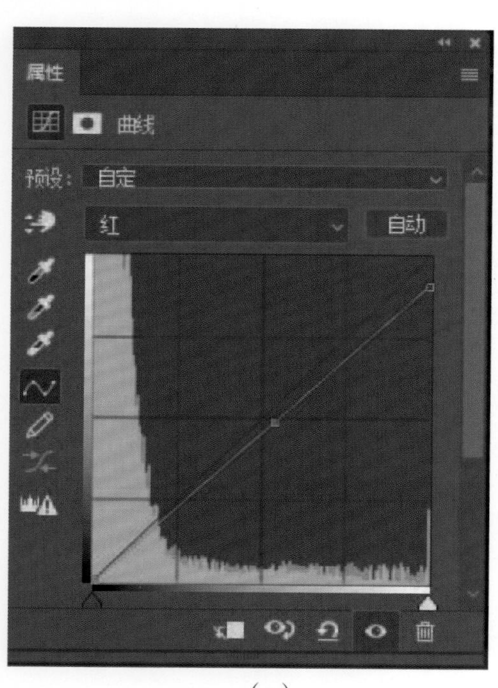

(a)

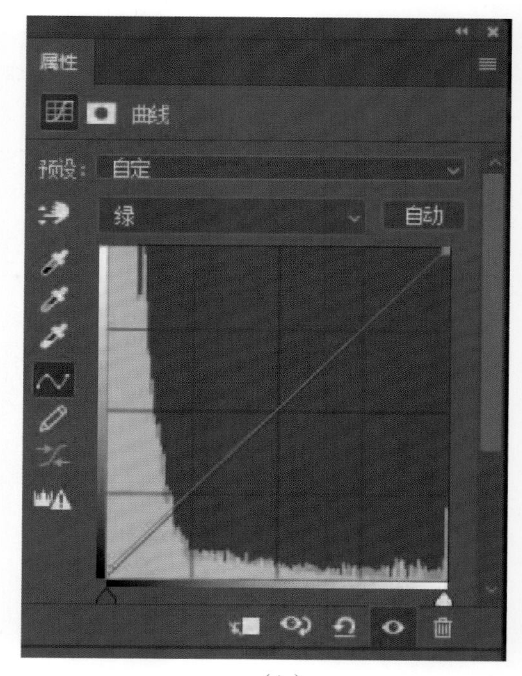

(b)

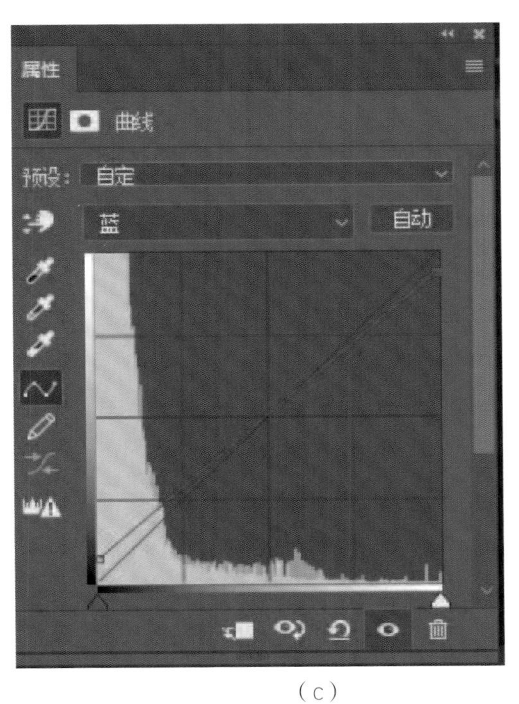

(c)

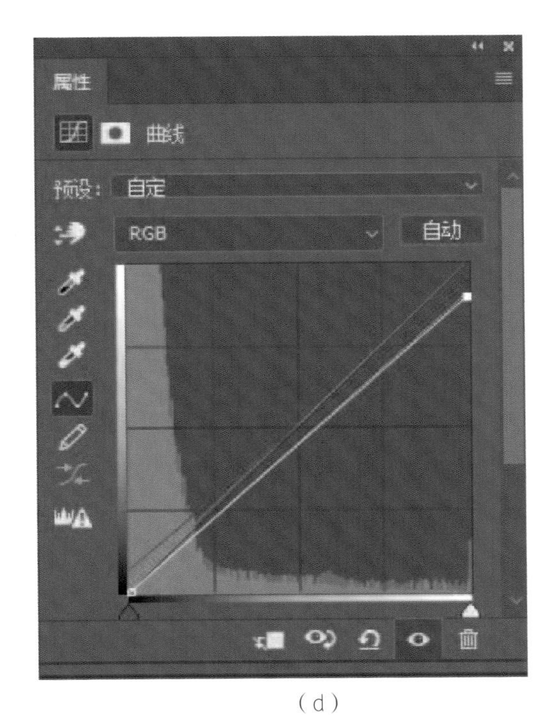

(d)

图 3-2-20　步骤 19 效果图

步骤 20

使用钢笔工具选取嘴巴，然后用色相 / 饱和度把嘴巴颜色调为黑色，如图 3-2-21 所示。

图 3-2-21　步骤 20 效果图

步骤 21

现在对人物进行调整，如图 3-2-22 所示。

图 3–2–22　步骤 21 效果图

步骤 22

新建一层，使用画笔给翅膀边缘加上逆光，再整体调整下细节，如图 3-2-23 所示。

图 3–2–23　步骤 22 效果图

步骤 23

复制翅膀，[Ctrl + T] 水平翻转，然后再用蒙版擦除掉不需要的光，如图 3-2-24 所示。

图 3-2-24　步骤 23 效果图

步骤 24

在背景层左右方添加树枝素材，调整方向位置以及大小，再整体调整下细节，如图 3-2-25 所示。

图 3-2-25　步骤 24 效果图

步骤 25

[Ctrl + Shift + Alt + E] 盖印所有图层，如图 3-2-26 所示。

图 3-2-26　步骤 25 效果图

综合案例 3　创意海报

步骤 1

创建一个 25 cm 宽，31 cm 高，300 dpi 的 PHOTOSHOP 文档，如图 3-3-1 所示。

图 3-3-1　步骤 1 效果图

步骤 2

创建一个渐变填充 [图层→新填充图层→渐变]。点击默认渐变进行编辑，将两个不透明度的光圈值都改为 100%，然后使用色值：#dfe8d7 作为左手颜色，而右手使用色值：#68acbd 创建一个天空背景。将右侧位置设置为 70%。单击确定，确保渐变从底部到顶部运行。如图 3-3-2 所示。

步骤 3

打开素材 model，进行抠图处理。具体操作如图 3-2-3（a）所示。

用魔棒工具选 model 的背景，再按 [Ctrl + shift + I] 键反选，再执行 [选择并遮住] 对 model 进行微调，如图 3-2-3（b）所示。

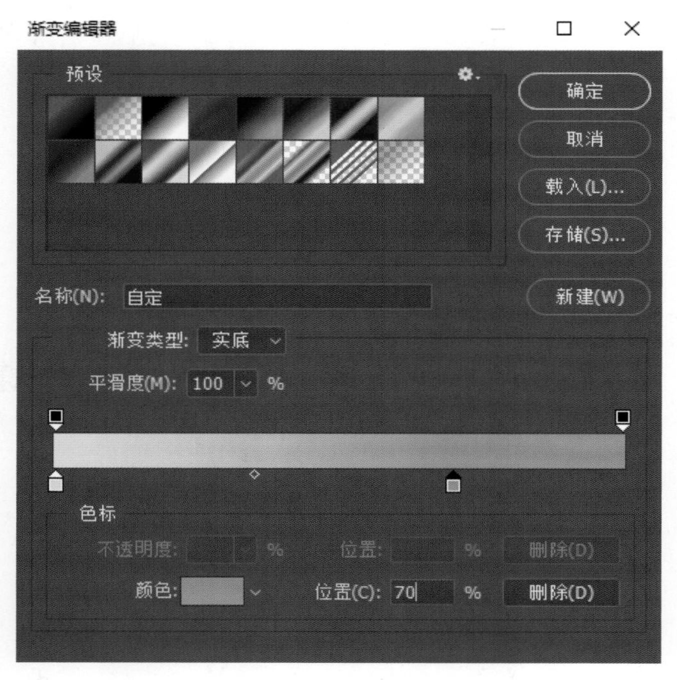

图 3–3–2　步骤 2 效果图

（a）

（b）

图 3–3–3　步骤 3 效果图（1）

视图模式调整到“叠加模式”再用“调整边缘工具”和“画笔工具”对 model 的细节进行处理调整，如图 3–3–4 所示。

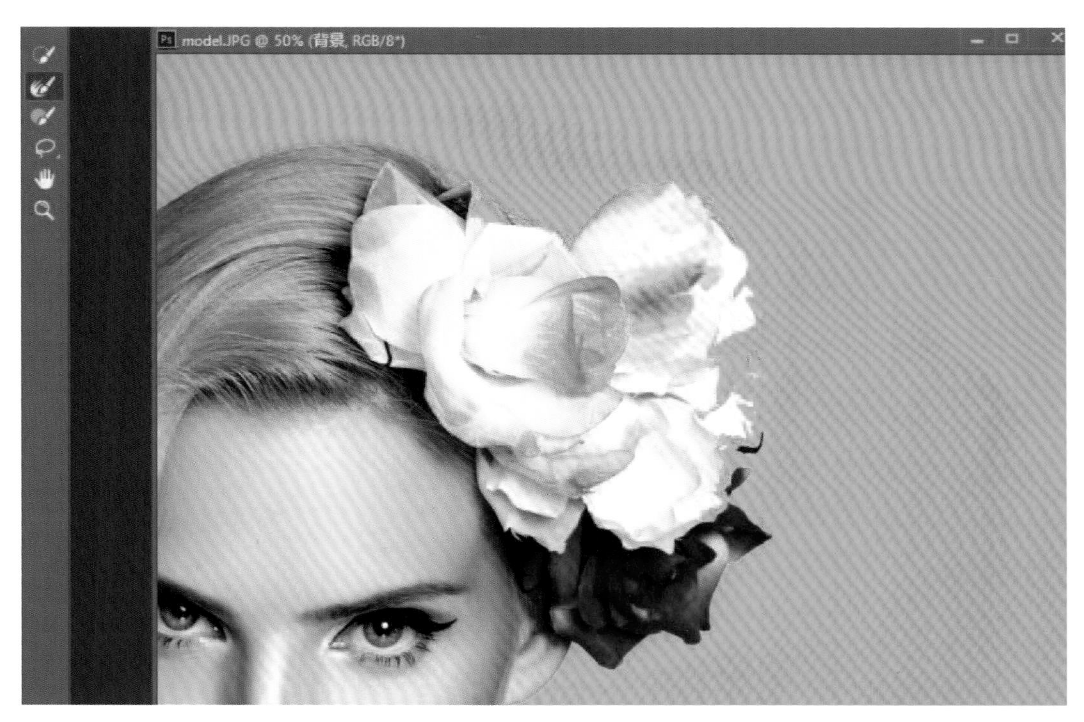

图 3–3–4　步骤 3 效果图（2）

输出设置勾选 [净化颜色]，输出到选择 [新建带有图层蒙版的图层]，点确定按钮，如图 3–3–5。

图 3–3–5　步骤 3 效果图（3）

步骤 4

为了将 model 与背景相结合，并获得我们想要的最终部分的整体色调，需要降低对比度。选择 [图像→调整→亮度 / 对比度]，并将对比度降至 -30，如图 3–3–6 所示。

图 3–3–6　步骤 4 效果图 a

选择用 model 这个图层，[Ctrl + J] 复制图层，选择二者的较低层，并使用 [45 px 半径的滤镜→模糊→高斯模糊]。给这个图层一个强光混合模式。这使人物身后弥漫着光芒的效果，仿佛她真的站在背景之下，如图 3-3-7 所示。

图 3-3-7　步骤 4 效果图 b

步骤 5

接下来，从素材文件中打开 Deer.jpg。使用与步骤 3 中相同的技术，选择头部，角和花将其复制并粘贴到主构图中，如图 3-3-8 所示。

图 3-3-8　步骤 5 效果图 a

将底头等按照显示的比例放置在模型图层后面。使用[图像→调整→色阶]，并将“输入色阶”的中间滑块移至 1.5 以使其更符合主要作品的色调，如图 3-3-9 所示。

图 3-3-9 步骤 5 效果图 b

步骤 6

现在要添加一些鲜花，从素材文件中，打开 Flowers.png，然后复制并粘贴到 model 图层下面，如图 3-3-10 所示。

图 3-3-10 步骤 6 效果图 a

接下来，打开 Rose.jpg 并使用多边形套索工具（L）对其进行粗略选择。用这个来填补模特裙子的缝隙，如图 3-3-11 所示。

图 3-3-11　步骤 6 效果图 b

步骤 7

为了增加对比度，我们将添加一些温暖的颜色和不同种类的形状。将使用一些树枝，将它们的颜色改成红色。依次打开每个树枝素材文件，并使用魔杖（W）设置为 50 的容差，选择背景。使用 [选择→反选]（Ctrl ＋ Shift ＋ I）并将分支移动到合成中，如图 3-3-12 所示。

图 3-3-12　步骤 7 效果图 a

要改变它们的颜色，应用色调/饱和度调整(Ctrl + U)并将色调移到 + 180，如图 3-3-13 所示。

图 3-3-13　步骤 7 效果图 b

然后使用色阶 [Ctrl + L] 使其变亮，将输入色阶值设置为 0/1.18/229，如图 3-3-14 所示。

图 3-3-14　步骤 7 效果图 c

步骤 8

将树枝形成类似于模型背后的树梢。使用变换工具（Ctrl ＋ T）来调整大小和旋转，得到需要的形状，如图 3-3-15 所示。

图 3-3-15　步骤 8 效果图

步骤 9

这里需要给分支添加一些细节，使画面更加丰富。model 的裙子上已经有了珍珠，再添加一些细节画面。

打开 Pearl.jpg 并使用椭圆选框工具（M）选择一个珍珠。将其复制并粘贴到主文件中，并使其使用内部发光层样式。使用不透明度为 72，颜色色值：#d9f1fd，大小为 46 的图层，如图 3-3-16 所示。

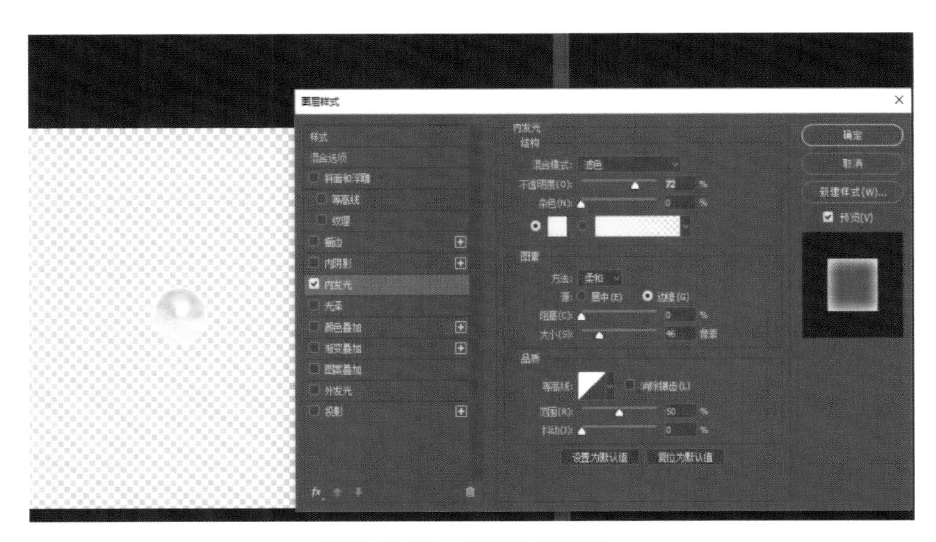

图 3-3-16　步骤 9 效果图 a

右键单击“图层”面板中的图层，然后选择“栅格化”图层样式，在调整大小时使效果与珍珠成比例，如图 3–3–17 所示。

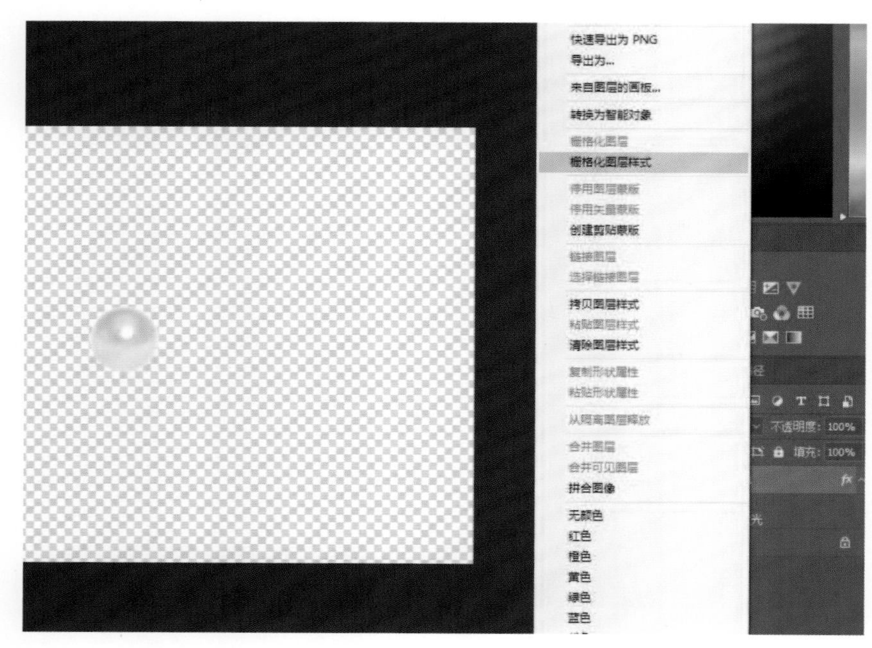

图 3–3–17　步骤 9 效果图 b

用 [Ctrl + J] 多次复制珍珠，然后调整每个珍珠并将它们放在树枝上。把它们中的一些放在最上面，做出在空中盘旋的效果，如图 3–3–18 所示。

图 3–3–18　步骤 9 效果图 c

步骤 10

现在再给画面添加一些艺术效果。为了做到这一点，画了一张素描，作为 Illustrator 矢量绘图的基础。然后，将其作为智能对象复制并粘贴到 PS 中。原始绘图是在素材文件 Silent_Spring_Drawing.jpg 中，如图 3-3-19 所示。

图 3-3-19　步骤 10 效果图 a

将图层样式应用于这些字母，以使它们具有深度并使其看起来具有云的效果。采用斜面和浮雕设置，同样应用颜色叠加图层样式，使用色值：# faf2dc 作为其颜色，如图 3-3-20 所示。

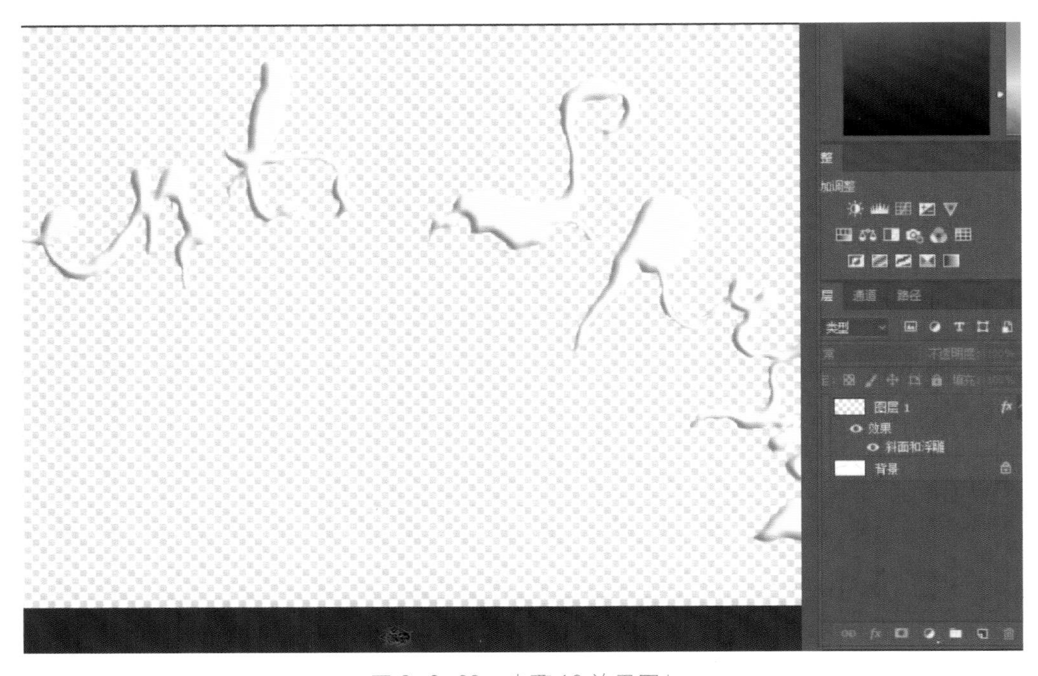

图 3-3-20　步骤 10 效果图 b

步骤 11

将字母不透明度设为 85%，使其能更好地与画面相融合，如图 3-3-21 所示。

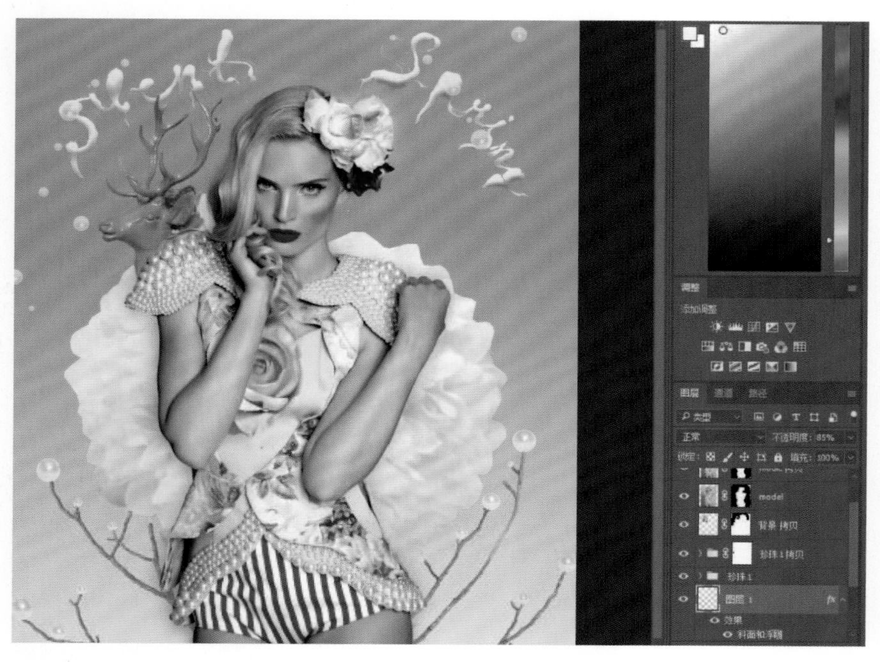

图 3-3-21　步骤 11 效果图

步骤 12

给 model 加上一个光环，这样做整个画面将更加有层次感。使用的一个绘图如图 3-3-22 所示。

图 3-3-22　步骤 12 效果图 a

从素材文件中，打开 Circlescan.jpg（或者自己绘制并扫描），然后复制并粘贴到主要作品中。因为是白色的绘图，执行 [图像→调整→反转（Ctrl + I）]，然后使用图层混合模式中的“滤色”仅保留绘制的元素。由于白色较亮，所以把这层的透明度降到 85%，如图 3-3-23 所示。

图 3-3-23　步骤 12 效果图 b

步骤 13

要在 model 的眼睛上做一个看起来像陶瓷的面具，首先使用钢笔工具（P）在她的眼睛周围画一个轮廓，如图 3-3-24 所示。

图 3-3-24　步骤 13 效果图 a

转换到路径窗口，同时按住 [Ctrl]，点击工作路径缩略图，根据路径进行选择。创建一个新图层并用白色填充 [Shift + F5]，如图 3-3-25 所示。

图 3-3-25　步骤 13 效果图 b

接下来，从该图层加载选区，然后选择 model 图层，然后按 [Ctrl + J] 仅复制该图层的该部分，将这部分移动到图层眼轮廓白色图层上方。使用 [Ctrl + Shift + U] 对此图层进行去饱和处理，如图 3-3-26 所示。

图 3-3-26　步骤 13 效果图 c

再次加载图层 4 选择，并选择 [滤镜→模糊→高斯模糊]，半径为 5 px，如图 3-3-27 所示。

图 3-3-27　步骤 13 效果图 d

应用一个色阶调整，并设置白色滑块为 198，如图 3-3-28 所示。

图 3-3-28　步骤 13 效果图 e

步骤 14

给 model 制作一个手套，与步骤 13 过程相同，如图 3-3-29 所示。

图 3-3-29　步骤 14 效果图

步骤 15

为了让整个画面看起来更加大气，请从素材文件夹中打开 Texture.jpg，并将其复制并粘贴到图层顶部。该纹理的目的是在视觉上连接所有的图层，为此使用“柔光”图层混合模式。比较好的做法是尝试不同类型的纹理和混合模式，直到找到合适的模式，如图 3-3-30 所示。

图 3-3-30　步骤 15 效果图 a

最后，通过选择 [图层→新建调整图层→曲线] 来调整颜色。选择绿色曲线，输出设为 179，输入设为 169，如图 3-3-31 所示。

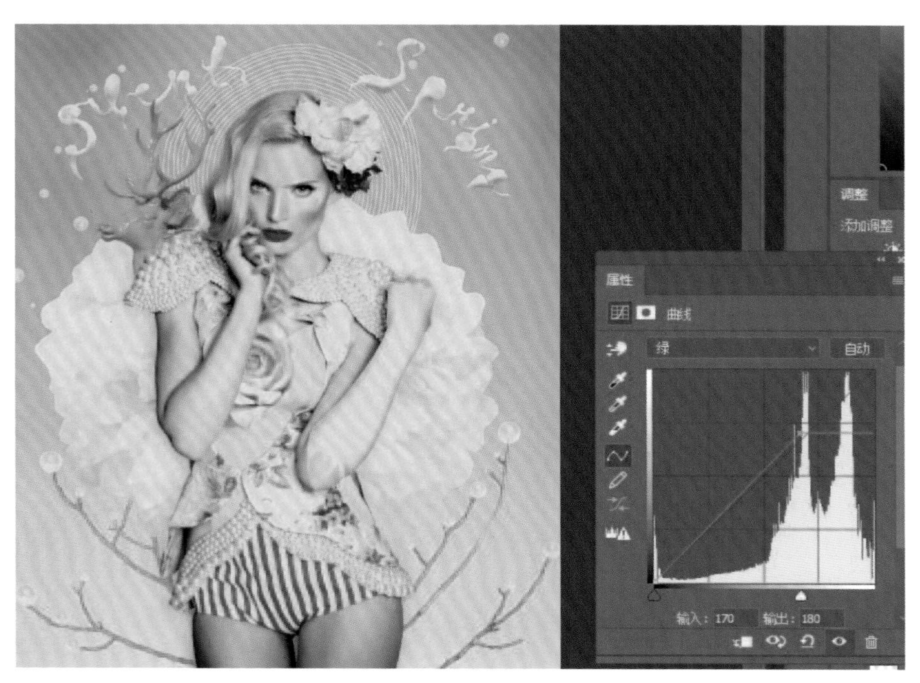

图 3-3-31　步骤 15 效果图 b

PHOTOSHOP CC 常用快捷键

1. 工具箱常用快捷键

移动工具：V
矩形、椭圆选框工具：M
套索、多边形套索、磁性套索：L
快速选择工具、魔棒工具：W
裁剪、透视裁剪、切片、切片选择工具：C
吸管、颜色取样器、标尺、注释、123 计数工具：I
污点修复画笔、修复画笔、修补、内容感知移动、红眼工具：J
画笔、铅笔、颜色替换、混合器画笔工具：B
仿制图章、图案图章工具：S
历史记录画笔工具、历史记录艺术画笔工具：Y
橡皮擦、背景橡皮擦、魔术橡皮擦工具：E
渐变、油漆桶工具：G
减淡、加深、海绵工具：O
钢笔、自由钢笔、添加锚点、删除锚点、转换点工具：P
横排文字、直排文字、横排文字蒙版、直排文字蒙版：T
路径选择、直接选择工具：A
矩形、圆角矩形、椭圆、多边形、直线、自定义形状工具：U
抓手工具：H
旋转视图工具：R
缩放工具：Z
添加锚点工具：+
删除锚点工具：-
默认前景色和背景色：D
切换前景色和背景色：X
切换标准模式和快速蒙版模式：Q
标准屏幕模式、带有菜单栏的全屏模式、全屏模式：F
临时使用移动工具：Ctrl

临时使用吸色工具：Alt
临时使用抓手工具：空格
打开工具选项面板：Enter
快速输入工具选项（当前工具选项面板中至少有一个可调节数字）：0 ~ 9
循环选择画笔：[或]
选择第一个画笔：Shift + [
选择最后一个画笔：Shift +]
建立新渐变（在“渐变编辑器”中）：Ctrl + N

2. 文件操作

新建图形文件：Ctrl + N
用默认设置创建新文件：Ctrl + Alt + N
打开已有的图像：Ctrl + O
打开为：Ctrl + Alt + O
关闭当前图像：Ctrl + W
保存当前图像：Ctrl + S
另存为：Ctrl + Shift + S
存储为 Web 所用格式：Ctrl + Alt + Shift + S
页面设置：Ctrl + Shift + P
打印：Ctrl + P
打开“预置”对话框：Ctrl + K

3. 选择功能常用快捷键

全部选取：Ctrl + A
取消选择：Ctrl + D
重新选择：Ctrl + Shift + D
羽化选择：Shift + F6
反向选择：Ctrl + Shift + I
路径变选区数字键盘的：Enter
载入选区：Ctrl +点按图层、路径、通道面板中的缩约图滤镜
按上次的参数再做一次上次的滤镜：Ctrl + F
退去上次所做滤镜的效果：Ctrl + Shift + F
重复上次所做的滤镜（可调参数）：Ctrl + Alt + F

4. 视图操作常用快捷键

显示彩色通道：Ctrl + 2

显示单色通道：Ctrl +数字
以 CMYK 方式预览（开关）：Ctrl + Y
放大视图：Ctrl + +
缩小视图：Ctrl + –
满画布显示：Ctrl + 0
实际像素显示：Ctrl + Alt + 0
左对齐或顶对齐：Ctrl + Shift + L
中对齐：Ctrl + Shift + C
右对齐或底对齐：Ctrl + Shift + R
左 / 右选择 1 个字符：Shift +← / →
下 / 上选择 1 行：Shift + ↑ / ↓

5. 编辑操作常用快捷键

还原 / 重做前一步操作：Ctrl + Z
还原两步以上操作：Ctrl + Alt + Z
重做两步以上操作：Ctrl + Shift + Z
剪切选取的图像或路径：Ctrl + X 或 F2
拷贝选取的图像或路径：Ctrl + C
合并拷贝：Ctrl + Shift + C
将剪贴板的内容粘到当前图形中：Ctrl + V 或 F4
将剪贴板的内容粘到选框中：Ctrl + Shift + V
自由变换：Ctrl + T
应用自由变换（在自由变换模式下）：Enter
从中心或对称点开始变换（在自由变换模式下）：Alt
限制（在自由变换模式下）：Shift
扭曲（在自由变换模式下）：Ctrl
取消变形（在自由变换模式下）：Esc
自由变换复制的像素数据：Ctrl + Shift + T
再次变换复制的像素数据并建立一个副本：Ctrl + Shift + Alt + T
删除选框中的图案或选取的路径：DEL
用背景色填充所选区域或整个图层：Ctrl + BackSpace 或 Ctrl + Del
用前景色填充所选区域或整个图层：Alt + BackSpace 或 Alt + Del
弹出“填充”对话框：Shift + BackSpace
从历史记录中填充：Alt + Ctrl + Backspace

6. 图像调整常用快捷键

调整色阶：Ctrl + L

自动调整色阶：Ctrl + Shift + L
打开曲线调整对话框：Ctrl + M
打开“色彩平衡”对话框：Ctrl + B
打开“色相/饱和度”对话框：Ctrl + U
去色：Ctrl + Shift + U
反相：Ctrl + I

7. 图层操作常用快捷键

从对话框新建一个图层：Ctrl + Shift + N
以默认选项建立一个新的图层：Ctrl + Alt + Shift + N
通过拷贝建立一个图层：Ctrl + J
通过剪切建立一个图层：Ctrl + Shift + J
与前一图层编组：Ctrl + G
取消编组：Ctrl + Shift + G
向下合并或合并联接图层：Ctrl + E
合并可见图层：Ctrl + Shift + E
盖印或盖印联接图层：Ctrl + Alt + E
盖印可见图层：Ctrl + Alt + Shift + E
将当前层下移一层：Ctrl + [
将当前层上移一层：Ctrl +]
将当前层移到最下面：Ctrl + Shift + [
将当前层移到最上面：Ctrl + Shift +]
激活下一个图层：Alt + [
激活上一个图层：Alt +]
激活底部图层：Shift + Alt + [
激活顶部图层：Shift + Alt +]

参考文献

[1] 数字艺术教育研究室 . 中文版 Photoshop CS6 基础培训教程 [M]. 北京：人民邮电出版社，2012.

[2] [美] 安德鲁 福克纳（Andrew Faulkner）、康拉德 查韦斯 . Adobe Photoshop CC 2017 经典教程 [M] . 彩色版 . 北京：人民邮电出版社，2017.

[3] 凤凰高新教育，邓多辉 . 中文版 Photoshop CC 基础教程 [M]. 北京：北京大学出版社，2016.

[4] PS 学习网 .http://www.ps-xxw.cn/.

[5] PS 爱好者网 .http://www.psahz.com/.

[6] PS 教程自学网 .http://www.16xx8.com/.

[7] PS 家园网 .http://www.psjia.com/photoshop/.

[8] PS 联盟 .https://www.68ps.com/.